U0640716

——《心经》让女人心平气和的二十四堂幸福课

不生气的女人

女人唯有修心，才能得到幸福

静柏心然◎著

中国财富出版社

图书在版编目(CIP)数据

不生气的女人:女人唯有修心,才能得到幸福 / 静柏心然著. —
北京:中国财富出版社，2017.2(2017.7 重印)
ISBN 978-7-5047-6312-9

Ⅰ.①不… Ⅱ.①静… Ⅲ.①女性-修养-通俗读物 Ⅳ.①B825-49

中国版本图书馆 CIP 数据核字(2016)第 277507 号

策划编辑　刘　晗　**责任编辑**　白　昕　杨　曦
责任印制　方朋远　**责任校对**　孙会香　孙丽丽　张营营　**责任发行**　张红燕

出版发行	中国财富出版社
社　　址	北京市丰台区南四环西路 188 号 5 区 20 楼　邮政编码　100070
电　　话	010-52227588 转 2048/2028(发行部) 010-52227588 转 307(总编室
	010-68589540(读者服务部)　　　010-52227588 转 305(质检部
网　　址	http://www.cfpress.com.cn
经　　销	新华书店
印　　刷	北京柯蓝博泰印务有限公司
书　　号	ISBN 978-7-5047-6312-9/B·0513
开　　本	880mm×1230mm　1/32　版　次　2017 年 2 月第 1 版
印　　张	11.25　　　印　次　2017 年 7 月第 2 次印刷
字　　数	206 千字　　　定　价　38.00 元

前　言

人，需要过一种有觉悟的生活

不知你是否留意过自己的情绪。只要外界出现了一丁点儿的风吹草动，自己的内心就会随之不安，或者忧心忡忡，或者怒火满腔。情绪成为了左右我们生命状态的不可抗拒的力量，而其实，真正左右我们生命状态的源头却是我们自己的心念。

正所谓，内心平静，人生才安定。可问题是，在很多时候，我们总是沦为自己的负面情绪的奴隶，控制不住自己的火气，也无法面对自己的烦恼。或许只有当我们被自己的嗔恨心折磨得痛苦不堪时才能明白，其实自己真正需要的并不是金钱、地位、珠宝等有形的物质财富或者无形的欲望享乐，而是真正能够化解内心烦恼、熄灭心头怒火的心灵处方。

如果你同大多数人一样，想过一种有觉悟的、心平气和的生活，那么就读一读《般若心经》吧。它虽然只有二百余字，却涵盖了至高真理。它向我们揭示了生命中最美好的姿态：心平气和、不急不躁、从容淡然地面对生活，不论生活带给我们的是什么，也不论生活中充满了多少艰难，我们都能活在自在与喜悦之中。

《般若心经》（以下简称《心经》）讲的是人要如何认识生命、如何认识自己、如何在变幻无常的世间自在自为地生活，让我们明白宇宙真理、洞悉自心能量。它教给我们如何观照自心，观照心上的每一个念头。随着心念的转变，我们的生命境遇也会有所改善。所以说，幸福美好的人生并不是由外力赐予的，而是我们在晓悟了心灵的力量和宇宙人生的真相之后，扭转了自己之前错误的观念，从烦恼和痛苦中脱离出来，这才实现了现实人生的转变和突破。

人，在吃饭穿衣、享受生活之外，还应当过一种有觉悟的生活。当我们愤怒时，要明白愤怒的源头在哪里；当我们被烦恼缠绕时，要能及时观照烦恼的起因是什么。如果我们对自己的心念、情绪和想法完全没有察觉，那么就会成为烦恼习气的奴仆，终其一生都在痛苦中打转而不得出离。

在这个世界上，万事万物都在成住坏灭中轮转不休，人在生老病死中循环不已，既没有永恒存在的快乐，也没有永远不变的痛苦。但至少，如果我们通过修持《心经》，哪怕只是诵读其中的一字一句，便都能使身心获得无上的安乐。

在现代社会，人人皆以"快速"为生活准则，但我们还是需要让自己的生命节奏适时地慢下来、停下来。因为只有当心安静下来时，我们才能意识到生命的本质和真相就是无常，并且因此而更加珍惜当下的生活，而不是被生命中的变化困扰，被心头的烦恼捆绑。做一个心平气和、不生气、不烦恼、不暴躁的幸福女人，理应从读《心经》、感悟《心经》开始。

不生气的女人

女人唯有修心，才能得到幸福

目　录

启示篇

第一课　做个心平气和的女人

第二课　幸福本身，就是一种感觉

第三课　生命中没有什么可遗憾的

第四课　从自己的思维中跳脱出来

第五课　读懂《心经》，明白生活

第六课　慈悲的力量：善有善果

第七课　心如地，当常清扫

第八课　你当学会，让自己的心更有力量

生活篇

第九课　女人，请随时校正自己

第十课　简单的，才是美好的

第十四课　安享生命的清幽

第十五课　不生气，不是要你压抑自己

第十六课　女人，应该让自己活得有情致

方法篇

第十七课　心平气和有秘诀

第十八课　善意的力量

第十九课　女人，你可以轻轻松松地活着

第二十课　安禅何必须山水，灭却心头火自凉

第二十一课　　了解迷惑的根源

第二十二课　　学会接纳，学会与生活握手言和

不生气的女人

女人唯有修心，才能得到幸福

启示篇

第一课

做个心平气和的女人

　　生气，是用别人的错误惩罚自己；生气，是将自己的生命放置在烦恼之中。读《心经》便可长智慧，有智慧的女人，便不会在烦恼的旋涡中一再打转，更不会在愤怒、嗔恨等负面情绪中消耗掉一生。

了解心，才能真正地平定下来

《心经》全称《摩诃般若波罗蜜多心经》，略称《般若心经》也可简称《心经》，它是佛教经典中字数最少但影响却十分深远的一部经典。《心经》正文只有 260 个字，它是集《大般若经》的精华而成的。尽管它字数很少，但针对的问题却与我们的日常生活紧密相关。

我们每一个人时刻都被烦恼催迫，尤其是女人，因为性情细腻、心思敏感，所以生活中的一点儿波澜都会激起内心的动荡。女人想得多，易烦恼，爱生气，虽然在饱受痛苦之后生起换一种安静平定的活法的愿望，但如果没有正确的见地和心念，这个心愿也很难实现。

因为正念的生起，其基础是了解心。真正地了解心，了解到心念对生活、对整个生命状态的影响，我们才会控制自己的情绪和心念，然后，才有可能在遇到事情时真正地做到心平气和。

心性原本清净光明，所谓的"心平气和"便是心灵的平定安静、不起波澜的状态。正是因为人的心灵状态各有不同，所以生活境遇才会千差万别。想要不生气，就需要有对治贪嗔痴的智慧，而《心经》便蕴含着教给女人远离贪嗔痴三毒、熄灭愤怒、清凉身心的生活智慧。

生活中的烦恼和愤怒，皆是因自己的贪执而生。《心经》为我们揭示出，世间的存在、现象无非是因缘生灭，不停变动的，一切的事物乃至我们的心念、情绪都具有空性。不读《心经》便不能明白这种人生智慧，于是"遇事不生气、心平气和过一生"，便成了永远无法实现的心愿。

《心经》是一条路，是一条认识自心、了脱烦恼、平息愤怒的修行之路。在这条路上，我们只需要让自己静下来，如同一棵树，把根牢牢地扎进般若智慧的土壤中，让心灵的枝丫不断向着阳光伸展，如是，便是在修行，而修行的目的也无非是让自己、让他人都生活在真正的喜悦和幸福之中。不生气，不是嘴上安慰自己的那样简单，而是要以般若智慧观照人生、观察出现在生命中的人事物，做到以智慧化解愤怒，这才是真正的对治，否则只能称为压制。对治愤怒，能够使心灵得到安适解脱，使我们平心静气地生活；而压制，则会给身心带来更多的痛苦。

心无所缚，便不生烦恼、不生愤怒。了解了心，才能真正做到心平气和地面对生活。《心经》言简意赅，文辞优美，富于韵律感，当我们内心苦恼丛生、愤怒难消时，不论是念诵还是抄写，都能起到稳住心神、平稳心气的作用。《心经》就如同一个巨大的能量场，能够让女人随时随地把那躁动不安的心平静下来。其实，最幸福的女人不一定是那些才貌皆备、生活富裕的女人。能够随时地安稳心灵，不被愤怒绑架，不被烦恼缠裹，这种女人才最幸福、最智慧、最高贵。要知道，我们的身心所承受的痛苦和气恼，都是自己制造出来的，只是，我们缺少消除它们的方法，而《心经》正是这个浮躁喧闹的尘世中，女人真正的心灵依靠。

【静心禅语】

不被情绪左右的女人，

其心必然纯净高贵。

不被愤怒绑架的女人，

其人必定良善谦和。

请放下你的执念

《心经》开篇第一句便是"观自在菩萨"。对于这个称呼，我们并不陌生，观自在菩萨便是我们非常熟悉的观世音菩萨。那佛殿内，观自在菩萨面带笑容，安详地端坐着。只要望见她那充满慈悲的笑容，我们便心生欢喜，内心的一切恐惧焦虑都能瞬时放下了。

这说明什么？说明观世音菩萨具有一种能够让人欢喜安宁、让人平静愉悦的力量。但我们不要忘了，其实我们每一个人都可以拥有这样的力量。但是，在这之前，我们需要做足心灵修炼的功课，比如，先放下自己心头的执念。

何为执念？它是一种人生态度。如果只是对执念做出一个名词解释，可能我们还是会有些糊里糊涂的感觉。我们先闭上眼睛，想想自己最心爱的那个人，或者一直中意却又没有足够闲钱购买的那件物品，这些都很美好，可一旦我们把心缠缚在这些喜欢却又得不到的人事物上，就会非常痛苦。其实，作为一种做事情时持有的态度，执念不应该成为一个贬义词。因为它意味着专注、付出、用心和奉献。但如果作为一种人生态度，执念就不是应该值得赞扬的品质了，因为它意味着付出的同时也意味着钻牛角尖。尤其是女性，往往会被感情或者某种情绪困住，就是因为女性心头的这个执念。

执念的存在，是为了照顾自己的感受、情绪和身心需要。难怪有人说，"执念太重，就是因为自我意识太重"。仔细一想，这话说得没错！可如果，我们把关注目光从自我转移到他人身上，那么会出现什么后果呢？

原来自己总是为得不到、已失去的人事物而感伤、痛苦，当我们关注一下身边有趣的人事物时，我们心头原先对自己的关注便减少了，随之而来的则是身心上的坦然和舒适。这就好比，之前我们是捆绑着自己的心灵生活，可是在执念减少之后，身心突然就放松下来。这又好比，之前我们是背着石头走路，可是在某一天，我们放下了压在身心上的石头，然后再去走路，就会发觉轻松许多。

人生路很长，心头的执念却只会随着我们欲求的膨胀而不断增长。要想做一个让人欢喜安宁的女性，便应该学会减少执念。当我们因为得不到、已失去的人事物而生起烦恼时，那么就去看看他人的痛苦。每一个人其实都是有着同理心的，当我们从对自我的执着和关注中跳脱出来时，便会发现，这个世界很大，生活很美好，真的不必要为某些人事物而烦恼。更何况，这些烦恼都是我们自己制造出来的。既然源头在自己，又何必恐惧焦虑呢？

做个心平气和的女人，就应该先从减少执念、放下执念开始。

【静心禅语】

执念不断，身心便永远烦乱。

执念不断，生命便无处清凉。

过分执着，难免产生怨怼。

敞开心灵，得见自在无限。

烦恼，是从不断计较开始的

"行深般若波罗蜜多时"，这里的"行"，便是修行。这是每一个女人都应当关注的事情。修行不是要我们剃光了头发，换上破衣烂衫并且远离人群、舍弃家庭。修行也不是每天除了打坐就参禅，逮到谁都聊上一大通"茶禅一道"的话。

作为女性，我们关注穿衣打扮、工作学习那是自然的，我们渴望得到美好的爱情、幸福的婚姻也在情理之中。而在这些日常生活中，其实就融合着"修行"二字。为什么呢？因为日常生活里总会产生许许多多的烦恼，而这些大小不一、纷飞杂乱的烦恼，就是促成我们修行的原因。

烦恼不是别人给的，而是从自己开始不断计较时就已经生起了。那么，计较又是从哪里来的呢？就是从我们每天的生活中来。看到别的姑娘买了新衣服，或者得到了自己一直想要而不得的东西，我们的心理便失衡了。我们想的，不是这个姑娘过得幸福，我也很高兴，而是凭什么她比我过得好，凭什么她比我优秀。一计较，烦恼就生起了。而往往是那种对自己的烦恼缺少觉察的女性，便越是容易陷入到更深重的烦恼中。

我们需要不断地修行。因为生活只要不断地继续，生命不断地前行，那么我们必然就会生出更多的计较，陷落一重又一重的烦恼之中。而修行的结果，则是不断地增长般若智慧。而"波罗蜜多"则是"到达彼岸"的意思。这种智慧，不是说带着我们从生过渡到死，而是让我们在由生到死的生命过程中活得清醒而明白。要想过上这种心平气和、清醒智慧的生活，就要按照六种修行方法来磨炼自己，让自己的生命状态不断地得到成长。

这六种修行方法，即六波罗蜜：布施、持戒、忍辱、精进、禅定、智慧。这六种修行方法看起来似乎有些玄奥，要想贯穿生命，那就更是让人有些犯怵了。实际上，任何一种修行都是在培养一种正向的习惯。在心理学上有一种说法，要培养起一种习惯，每天坚持做下去，只要坚持 21 天就行。既然这些修行方法对我们的生命是如此有助益，那么我们就从小开始做起，一点一点地积聚能量，一天一天地培养起优秀的品质。

不要在开始时就想着"我做不到，这些事情太困难了"，

而应该每天一早就暗示自己：今天的我，将比昨天的我更智慧；未来的我，会比过去的我更优秀！

【静心禅语】

在人生的旅程中，注定有太多的不如意，

但这些不如意，却教会女人，

要学着智慧地去生活。

不要计较那么多，才能活出真实的自我。

女人要学会与情绪和解

　　前面我们说到，要从烦恼痛苦的境地，跨度到清净喜乐的境地，是需要一定的修为以及一种大智慧来帮助的。这种修为，这种智慧，能够让我们身心自在，在生活中圆融无碍。但这种修为和智慧，却不是空口说说或者看些开启智慧的书就可以得到的。这需要我们去践行，比如上面提到的那六种帮助我们不断成长、不断进步的方法，就需要我们日积月累地去践行。

　　先来说说布施。布施的范围很广泛，带着爱心去给需要帮助的人捐钱捐物，这是布施；用自己的专业知识和践行成果帮助他人答疑解惑，这也是布施；当看到有人心怀恐惧、整日忧思，能够满怀耐心地帮助他人开解，帮助别人消除恐怖焦虑等痛苦的心境，这也是布施。但是，这布施的受益者可不仅仅是他人，同时更是我们自己。

　　曾有一个情绪暴躁的姑娘，她经常因为一点儿小事就发脾气，她最大的痛苦不是身材胖，不是相貌不好，而是无法

控制自己的脾气，学不会与自己的负面情绪和解。

记得有一天，我和这个姑娘坐地铁去约见另一个合作伙伴。那正值地铁高峰时刻，我们在那闷罐子一般的车厢里根本转不得身，而在姑娘对面，站着一个手拿纯净水瓶的中学生。眼看就要到达目的地了，但这中学生拧开水瓶盖子正要喝水，结果一不小心就把水洒到了姑娘的裙子上。

浅蓝色的裙子被打湿了一大片。姑娘正要发脾气，但看到那个学生很害怕的神色，姑娘居然先安慰起对方来。

从地铁站口出来，我还夸她："难得你今天没有发脾气。"

姑娘挺不好意思的，说："看到那个学生一副很害怕的样子，就觉得略微有些心疼，毕竟人家也不是故意的，没必要大动肝火。"

我听后点头称是，并为朋友控制住了自己的情绪而高兴。

也许是尝到了自我克制的甜头，这个姑娘在以后的日子里如果再遇到不痛快的事情，就用在地铁车厢里的那次经验来克制自己。后来她发觉，如果主动地帮助别人，便是在学习换位思考，这样一来，很自然地就会与负面情绪握手言和。

其实，在地铁车厢里安慰他人的事例，也是布施的一种。布施，是把我们具有的正向能量都传递给对方，比如带着我们情感和祝福的财物，或者是积极肯定的话语。这是一种非常主动的控制负面情绪、提升身心能量的行为。任何一种帮助他人的举动，虽然在他人看来未必能够理解，但不可否认的是，这些行动最终都会帮助我们得到成长，帮助我们学会与负面情绪和解，帮助我们变得更加心平气和。这正如玛格丽特·撒切尔所说的那样："所有成长的秘诀在于自我克制，如果你学会了驾驭自己，你就有了一位最好的老师。"

　　只是，在最初帮助别人时，不要刻意地想着帮助他人就会得到什么好处。不要把布施这种事情看得那么功利，不然好事也会成为心头的挂碍。

【静心禅语】

　　慈悲和善者没有敌人，

　　智慧豁达者没有烦恼，

　　但清净的心灵总需要经受磨炼，

　　超凡的智慧也必须在实践中获得。

没有什么，能给生命造成障碍

与布施同为脱离烦恼、使身心平和清净的方法还有：持戒、忍辱、精进、禅定、智慧。

这几个名词恰到好处地描绘出一个心平气和的女人的日常姿态：心怀善意，消除过多的内心欲望，努力地实践善行，不论生活中出现怎样的境遇都不会动摇自己那平和善良的心，对待一切能够让自己获得成长的道理和学问，都能够虔心吸取并不懈进取，不仅如此，还要善用静坐、冥想等内在修持，让自己的心志明澈坚定有如大地一般庄严安忍，如此，遇到生活中的大事小情，才不至于慌乱发狂，才能有定力，也才能通达智慧，从愚痴和烦恼中脱离出来。

一个美好优雅的女子，当是如此！而且，如果我们真的按照这些标准来要求自己，不断践行，那么，我们生命中出现的任何人事物便都不会给我们的自身成长造成障碍。

由于工作的关系，我平时经常要举办一些诸如读书分享会之类的活动。参加这些活动的，又都以女性居多。诸位女性朋友们聚在一起，最常说起的便是自己情感上的问题、生活中的迷茫。

但不论是情感上的困扰，还是生活中遇到的其他问题，所有问题的原因，都来自内心。可是，在很多时候，我们都因为缺少对内心的自省，或者缺乏面对问题的勇气而导致问题越来越严重、烦恼越来越多。在《唐顿庄园》里，有句台词就说明了大多数女人身上都会存在的这个弱点："我们都有伤疤，外在的或内在的，无论什么原因伤在哪个部位，都不会让你和任何人有什么不同。除非你不敢面对，藏起伤口，让那伤在暗地里发脓溃烂，那会让你成为一个病人，而且无论如何假装，都永远正常不了。"

如果我们只是逃避，或者把问题推给他人，或者把解决烦恼的希望全部寄托在他人的疗愈上，那么我们心头的烦恼和生活中的问题，便会如同被刻意藏起来的伤口那般，继续溃烂，永远都不可能彻底地愈合。是我们自己，放弃了让伤口愈合的可能。

《心经》的智慧告诉我们：有了烦恼不要怕，有了问题也不要逃，任何一个能够在不利境遇中保持平和心境的女人，必然都经历过被烦恼缠缚的时期。只是，不要被这些烦恼永远地缠缚下去便好，而《心经》正是教给女人如何心平

气和地面对人生，如何不生气不烦恼、快快乐乐地过好人生的智慧指南。

【静心禅语】

当我们开始探寻心灵的奥秘，

便没有什么能够成为生命的障碍。

当我们失去面对烦恼的勇气，

再多的名师也无法疗愈我们的痛苦。

第二课

幸福本身，就是一种感觉

　　所谓幸福，不是拥有多少财富，而是一颗简淡平静的心灵。有了这样的心，不论是刮风还是下雨，哪怕电闪雷鸣，或者云翳沉沉，我们都能安稳自在地生活。因为心灵的力量最强大，而智慧的女人最幸福。

没有谁，可以随随便便地幸福

"照见五蕴皆空，度一切苦厄。"这里的"五蕴"来自梵语，指的是色、受、想、行、识，这五种元素构成了我们的身体、情感和意识。

"色"是指有形态的物质存在，比如目前正在看这本书的你，比如在这本书成形之前熬夜打字的我，比如女孩子们最爱的唇膏，或者挎包。这些可见可触碰的有形态的物质存在，都是"色"。

所谓"受"就比较好理解了，指的是感觉、感受。对什么的感受呢？当然是对一切有形态的物质存在的感受了。而"想、行、识"都是由受而牵引起来的人们自身的内心活动以及对事物的认识。可以这样理解，"色"是客观世界，而后面的"受、想、行、识"都是可以归于主观世界范畴的。

可能许多人都听过这么一句话："作为生命个体，人是由五蕴和合而成的。"这样听起来，似乎道理深奥，但在这里我们试举一例，便容易理解了。

作为女性，我们最在意的莫过于自己的容貌。这个容貌便是有形态的存在，便是"色"。每当我们早晨对着镜子化妆时，我们看到镜子中的自己越发显得光彩照人，便感觉到特别快乐，此时便是因为看到了有形存在而产生了感受。出门之后，我们觉得天气还有些冷，便只得返回去穿一件厚大衣，当我们穿暖和了，内心会觉得："暖暖的，很舒服！"这就是"想"。我们沿着小街走去，要去见自己的心上人，如果遇到熟人夸赞："哎呀，你今天气色真好！"我们就会特别高兴，同时也对这个熟人产生更强烈的好感；但如果熟人对我们的衣着打扮表示出不以为然或者批评的态度，那么我们就会在内心对他产生疏离感，甚至会特别怨恨，这便是"行"。当"色、受、想"结合在一起，便产生了"识"，即对事物的认识。比如，我们被别人赞赏，我们就会对这个人产生："他眼光真不差啊"等认识。由此，幸福或者不幸福，这两种感受便会因为五蕴的作用而产生。

因此，没有谁能够随随便便地幸福。为什么呢？因为我们幸福与否的感受，是和外部境遇相关的。从上面举的例子中，我们便不难看出，被人夸赞时、打扮得漂亮时、穿暖了衣服时，我们都会觉得幸福；否则，便会感到苦闷烦恼。

你看，幸福是有条件的，很容易被条件所限制。这便不

是大自在的心境了。真正自在的心境，真正幸福的感受，不受环境所困，也不会因为境遇不合自己的心意而有丝毫减损。只是，这样的幸福，这样的自在，真的不是任何一个人就能获取的。有首歌叫《真心英雄》，歌里唱道："没有人能随随便便成功。"但是，比成功更难的是幸福。没有谁，能够随便幸福，因为很少有人能够意识到，幸福也可以不受外境的限制，不被现实所拘束。

【静心禅语】

　　内心的状态对了，幸福便不请自来。

　　不再对外境执着，才能真正地自在。

　　幸福不由谁来赐予，智慧也不是从天而降。

　　快乐与否皆是从心内而生，智慧女人当如是观。

用好心灵的力量

"照见五蕴皆空。"照见的意思不是看见，而是当我们进入平和安定的心理状态时，能够观察到世间的事物以及窥透平日里那些看似盘根错节的问题。这就不难理解，为何在一些关于心灵成长和心理剖析的文章里，许多专业人士都在说："先让自己的心足够平静安定，然后才能观察到事物的真相，理清纠结在一起的难题。"

当我们真正平定安静下来，就会发现，之前的焦灼烦恼和痛苦，真的没有什么要紧！于是，我们就会从心到身都放松下来，就如同被什么力量给松绑了一样。而《心经》里所说的身心状态，却比这种状态还要高妙百倍千倍：在智慧的观照下，一切物体存在，一切内心活动，都不过是分分钟钟不停变化着的，烦什么呢？恼什么呢？去和那些分分钟钟都在变化的事物和思想作对吗？这有意义吗？让我们欢喜的人，可以变得面目全非；让我们高兴的事情，也会变化成另一个样子。还有什么可纠结的呢？好的可以变成坏的，但好

的也可以变成更好的。

即便外境无法被我们所操控，但心灵的力量却是真真正正属于自己所有的。然而，我们并没有真正地把这心灵力量利用起来。

在趁早读书会有个叫潇雅的姑娘，她就是个非常善于自我觉醒的新女性。在感情出现危机时，她并没有像很多女性那样将自己长时间地封闭在抑郁和伤感中。她通过静坐、冥想等平定内心的方法来安定自己的身心。心一静下来，心灵的力量便聚集在一处，而不是像平时那样，随着妄念的起伏而散乱不休。当心安静下来，体能就不会被消耗，心理就不会因为妄念的起伏而失衡。心安静了，它就如同一面镜子那样，将事情还原出来。不带着浮动的情绪去看待问题，那是因为平定的内心不再生起妄念，自然不会引发过激的情绪。就这样，与情感上的问题面对面，让那些裂痕和矛盾一一呈现在眼前。潇雅说，在这时候，内心反而不那么痛苦了。那些貌似很强大的烦恼痛苦，反而不存在了。"五蕴皆空"比这个境界更高级，但潇雅的这个做法，确实是心安定后观照到问题、烦恼、痛苦等，并最终自己帮助自己从中解脱出来的典型事例。

其实，女性往往是因为缺少直面生活中痛苦的勇气，才始终采取回避态度。然而，当我们一旦抱定"不论如何，一定不能再逃避了"这样的心态，那么问题就不再显得那么可怕了。

就是因为潇雅明白心灵具有的力量，能够在生活出现麻烦时采取主动静心的方式来面对问题，所以她能够在比较冷静平定的状态下对问题采取种种措施。不论那段感情结局如何，潇雅都不是一个输家，因为她看到了自身存在的问题，也能找到问题的根源，所以她一直处于成长状态中。

新女性不仅意味着经济独立、有思想见解，更意味着，要懂得利用平和身心的方法，让自己的生活变得更好，让自己活得更有智慧，唤醒并善用心灵的力量，让自己始终走在身心成长的道路上。

【静心禅语】

让自己平静下来，

唤醒心灵的力量，

从此专注在美好的事物上。

从此深深地洞照，

生命中的一切难题。

所谓幸福，并不是向外攀缘

"度一切苦厄。"这一句的意思是从生到死的所有痛苦、烦恼、不随心都能够得到超脱。

如果我们认真回忆一番，那真的可以想到人生中那形形色色的苦，生、老、病、死之苦就更不要提了。在这些人生大事之外，那些点点滴滴的小事中也是苦涩一片。自己心爱之人，却不得不分离；自己不喜欢的人，却又不得不相见；自己中意的，偏又得不到；而身心上时刻都生出强烈坚固的欲望、苦闷、烦恼，这更是使人无法得到片刻安宁平定。此处所举的例子，便分别对应着爱别离苦、怨憎会苦、求不得苦和五蕴盛苦。

然而，这一切的苦，并不是别人带给我们的。

不幸，那可能是因为天灾人祸的降临，使人束手无策；但幸福，必然不是向外攀缘的结果。所有的苦，皆是我们太过攀缘才形成的。

有个好久没见的朋友，她在邮件里大吐苦水，就因为被亲戚逼婚。"我现在痛苦极了，感觉整个世界都在与自己作对！就连亲戚都不能理解我，总是问东问西的，我觉得她就是对我抱有成见！我觉得自己非常不幸福！"

看看这位姑娘，心情一定是糟透了。但是，姑娘啊，你说"全世界都与自己作对"那也只是你认为的；你说"亲戚对你有成见"，那还是你自己认为的。即便真的如你所说，整个世界都和你作对，亲戚对你抱有成见，但生活是你自己的，心情更是你自己的，你为什么要向外攀缘来寻求内心的平和幸福呢？与其祈求整个世界都宠着你、照顾你，倒不如先来照顾好自己的心。心境对了，外境便不会带来烦恼。懂得了幸福是靠着自心来创造、体验、感受，那么外境再怎么严酷，也不会消磨掉我们对生活的热情、对人生的爱。

波德莱尔有句诗写得好："每个人都应该经常沉醉，沉醉于葡萄酒，沉醉于诗歌，沉醉于美德，无论沉醉于什么，只要沉醉就好。"

我们缺少的就是这种沉醉于自心感受的能力。所以，作为女性，我们应当多去发现生活中美好的一面，但是最重要的，是我们自心具备创造美、创造幸福并沉醉于其中感受它们的能力。

【静心禅语】

苦厄从攀缘和执着中来，

幸福却要靠着自心创造。

与其妄想被世界宠爱，

倒不如，先学会照顾好自己的心。

做一个自我解脱的智慧女人

印度著名诗人泰戈尔曾说过："愿你啊，活得漂亮。有一个夜晚我烧毁了所有的记忆，从此我的梦想就透明了；有一个早晨我扔掉了所有的昨天，从此我的脚步就轻盈了。"

诗人以优美流畅的文字描述了这样的一个心理过程：在某天，他突然就想明白了，过去的记忆对于现在的生活而言不仅毫无益处，还会使心灵困重；曾经的昨天，不论是失败，还是成功，是痛苦，抑或喜悦，都与现在的自己无关了，因此，他便从旧日的记忆中走了出来，从无数的昨天走了出来。而今的他，脚步轻盈，但身体的状态乃是内心的显现，这说明他的内心无比自在、轻松安乐。

可以说，这是一个自我解脱的智慧活法，也是女性朋友们应该了悟到的一种生活态度。《心经》要告诉我们的就是这样的道理：女人啊，你得学会自我解脱，别指望着全世界都能听从自己的指挥，也别把幸福舒畅、平静安乐的感受寄托于别人身上。

　　当我们所有的心思都集中在利害得失上，当我们做一切事情的出发点都是为了自己的利益，并且经常为了自己而斤斤计较，那么这样的生活确实没什么质量可言。尤其是我们长久地沉浸在昨天的伤痛和过去的烦恼中，那更是一种愚蠢的做法。只要内心安详，幸福便自会来到；只要内心平静，即便面对暴风疾雨，也能心平气和、不气不恼地去解决。

　　因此，当我们面对生活中的不快时，千万不要用谩骂、争吵等粗暴的行为去解决，也不要把诸如痛苦、愤怒、抑郁等恶性情绪压抑下去，可以尝试着坐禅。日本京都大学心理学教授佐藤幸治博士曾说："我们应该庆幸，能够生而为人，也该珍惜我们得到的人身。因为，我们每一个人都能够从坐禅的练习中，体悟到三种益处：坚韧健康的身体、清醒敏捷的头脑和平定净化的心灵。"

　　现代女性压力确实大，因为社会和文化传统赋予我们的角色很多样。但越是压力大，我们越是应该让自己慢下来、停下来、静下来。不烦不恼、心平气和的活法有很多，但只选择最适合自己的就好。比如静坐，简单地坐下，暂时地和现实生活保持一段距离，渐渐地放下心中波动变化的纷杂念头。不必太久，但可以循序渐进地把时间延长。

　　懂得自我解脱的智慧女人，远比腰缠万贯却烦恼不安的女人更能感受到生命的美好。钱是可以赚的，但心态却需要时间调整，心也要渐渐地修整，只有我们自己意识到并切实地去做了，才能看到静心的成效。

【静心禅语】

自我解脱之后，生命才能轻盈。

身心修整之后，才可整装待发。

生命之路，道阻且长，

唯有智慧的女人，才是最大的赢家。

痛苦是一种错觉

　　如果我们对自己的生活、境遇和身心状态保持着一定的觉察，那么就会发现《心经》中所说的"度一切苦厄"其实并不是什么夸张的说法。说得再简单易懂些：痛苦是一种错觉。

　　在我们的生活中，总会出现不尽如人意的人事物。为了能够减少或者消除痛苦的感受，我们就希望能够让这些不符合自己意愿的人事物做出改变。可我们并没有足够的能力，任何一个人都不可能具备这种能力。所以，希望外境发生改变的想法便成为了一种徒劳。于是，痛苦的感觉就更加深了。克里希那穆提在《关系的真谛》中说："你改变不了一座山的轮廓，改变不了一只鸟的飞翔轨迹，改变不了河水流淌的速度，所以只是观察它，发现它的美就够了。"既然有些人事物是注定无法改变的，那么我们就先接受它，然后试着去发现其中的美，发现其中具有的对我们的生命起到的某种作用，这就可以了。

在很多时候，我们所谓的痛苦，只是因为我们太任性、太自我、太执着于自己的思想、情感和感受了。

茉莉是一位经营花店生意的女老板。她因为人漂亮又勤快，而且特别有眼光，所以生意一直很不错。但最近茉莉却眉笼愁云，原来她最近遇到了很多问题：最近来花店光顾的客人太过稀少，她时常担心生意问题；爱人经常加班到很晚，她心里不痛快，但又不知道怎么表达，只能压抑着自己的不满；偶然一天，她发现自己面色憔悴，显得毫无生气，整个人都苍老了许多。

就因为这些，茉莉眼眶乌黑，显然是连续几晚都没有休息好了。但痛苦的感受生起，第一要紧的绝对不是抱怨外境，而是把关注点从外部拉回到内心。

在很多时候，我们都是被自己的感觉所欺骗、所蒙蔽。茉莉犯下的也是这样的错误，而且这样的错误，是我们一直都在犯的。

那便是，我们太把自己的感觉当一回事了。一旦我们执着于某种感觉的时候，便会不断地给这种感觉寻找证明。但感觉是多么飘忽易变的东西啊！甚至只要别人的几句话，感觉这东西就荡然无存了。

让茉莉从痛苦中走出来的，是她的三位贵人。

第一位贵人是婚庆公司的策划，她来茉莉的花店订购了许多捧花，在交纳订金时，她说："美女，你店里生意真好，我们小区附近的花店都快开不下去了。"茉莉一高兴，便给这个姑娘打了八折。

第二位贵人是茉莉的好友。茉莉在没有客人光顾时掏出手机玩微信。好友留言说，昨天还看到茉莉的爱人神色疲惫却面带微笑地从公司出来。好友过去打招呼才知道，茉莉爱人连续几天的辛苦总算没白费，项目终于拿下了。"他说，他要送你个惊喜，你们真幸福啊，你也真幸运，找到了这样一个上进又疼人的伴侣！"好友最后的这句话彻底驱散了茉莉心头的疑云。

第三位贵人则是茉莉的大学同学。老同学为了布置婚礼现场，特意来到茉莉的花店，说要茉莉帮忙提供一些建议。"老同学，你还这么年轻靓丽啊！"茉莉一听旧日同窗的话，虽知道是恭维，但也非常欢喜。当她仔细看老同学的那张脸时，茉莉发现，同为女人，那位同学确实没自己气色好。茉莉的痛苦瞬间就蒸发了。

茉莉的故事告诉我们，感觉这东西不"靠谱"，而建立在感觉上的痛苦，那更是一种假象。

【静心禅语】

当我们无法选择环境时，

请别忘记我们可以选择自己的感受。

当我们感觉被痛苦吞噬时，

请一定记得，痛苦的感受，

是那么弱不禁风，它只是个假象。

不生气的女人

女人唯有修心，才能得到幸福

第三课

生命中没有什么可遗憾的

真正了解生命、热爱生活的人，她的生命中便没有什么可遗憾的。她可能不记得昨天发生了什么，但她却知道此时此刻此地，她真正需要的、想做的是什么。不被过去拖累的女人，才不会有遗憾，才是幸福的。

以一颗善意的心面对世界

"舍利子，色不异空，空不异色，色即是空，空即是色。"

舍利子是释迦牟尼的十大弟子之一，又名尊者舍利弗，据说此人非常有智慧，在释迦牟尼的众多弟子中具有极高的威望。

此处，是观自在菩萨在对舍利弗说法。"色不异空"，是说我们这双肉眼所看到的事物和现象（色），都是没有实体的。因为，这些事物和现象，都是变动不息的。由于各种各样的原因和条件，造成了事物暂时的存在，同时也造成事物不停地变化。世上绝对没有不发生变化的实体存在，从这个意义上来说，便是"空"。

"空不异色"是说，在这个世界上存在的一切物质现象，尽管时刻变化，没有一种实体，但由于人们的肉眼只能看到这种现象，所以便把现象存在视为一种假定不变的状态。注意，这只是一种假定不变的存在。

"色即是空，空即是色"，这两句的意思是，我们肉眼所看到的现象和存在，既不能说是"有"，但也不能说是"无"，当我们把心专注于其中，它便是存在的，便会对我们的生命带来影响。但如果我们的心，并没有黏着在其中，那么任它如何变化，便都不会给我们的情绪、生活带来丝毫影响。

比如说，假如我们带着一颗善意的心去看待人际交往中的矛盾，那么便不会存在那么多的是非怨恨。假如，我们带着善意之心来生活，那么生活中又怎么会有数不清的烦恼呢？其实所谓烦恼，所谓怨恨和是非，那不过是我们自己生出的感受、做出的评断而已。

举个例子来说，我有一位努力上进的女友。我和她在一起生活时，每天晚上她都要忙着翻译书稿，以这种兼职方式来赚取外快。每次，她都全神贯注地忙碌着，把心放在书稿上。直到把这天的工作完成后，她才说："哎呀，我的腰很酸，我的脖子很疼。"可见，这腰酸背痛的毛病是早就存在的了，只是，她的心并没有放在这里。当我们沉浸在某种状态中时，就真的能够忽略掉很多不那么美好的生命体验。

杨绛先生说过："一个人不想攀高就不怕下跌，也不用倾轧排挤，可以保其天真，成其自然，潜心一志完成自己能

做的事。"女人就应该带着善意，专注在自己生命中那些感受美好的事物上。当我们的内心开满了玫瑰，就不会在意旁人是否会在我们的生活中种下杂草；当我们心有善意且又专注，就会将自己变为一枚磁石，将一切美好的人事物都吸引至身边。唯有善意，才能使女人的灵魂永远散发着芬芳；唯有专注而不黏着，才能让心灵自在无挂碍，时刻都活在不执着的人生境界中。

【静心禅语】

带着善意看世界，处处是花香。

有着怎样的心，便体验到怎样的世界。

心无系缚，身无所累

"受想行识，亦复如是。"

这一句说的是人的心理活动和感受感觉。不独是物质存在是变动不居、具有空性的，就连我们的一切感受觉知以及对事物的认识，也是如此。

写到此处，我倒很想把生活里的一个故事分享给大家。

记得和友人小聚时我们闲聊，当我说，一个人眼中的世界，不外乎是她内心状态的映现。我这个朋友便笑我，她说我这种想法太幼稚。"完全的心无所缚，便是彻底的麻木不仁，更是过分的置身事外，这就是对人生的不负责。"我的朋友这样反驳我。

然而，果真如她所说的这样吗？

我想起了曾经的自己。在很长一段时间里，我都沉溺在对恋人的近乎狂热的爱恋中。想来被爱情冲昏头的人们，都能体会到这种感觉吧。最初，我认为自己的爱很伟大，这种爱，让我无时无刻地不惦记着那个人。即便每隔三五天我们便能会面，可我依然经常在电话、短信里对他倾诉自己的情感。但渐渐地，我发觉他对我的态度变了。随着他的态度转变，我心中那曾有的甜蜜幸福便都荡然无存。那段时间，我经常反问自己："这样的生活，真的很幸福吗？"

于是我开始怨恨他，认为他这人太无情无义。但渐渐地我觉察到，所有的问题源头其实都在自己。如果在最初，我没有把恋人当作自己生命的全部，那么便不会整日担心会失去他，也就不会如此这般地黏着于他。渐渐地我也明白，生活原本就是一片广阔的天地，而爱情，只是生活中的一个部分。而诸如工作、学习等，也是如此的。

不论是什么，只要我们把心系缚在其中，那么身心便不得自在安乐。这种感受实在太痛苦了。但这种痛苦却怨不得别人。痛苦是因为我们没有看到事物现象的本来面目。尽管像林徽因所说："我们总是会被突如其来的缘分砸伤，把这些当作生活中不可缺少的主题。有些缘分只是南柯一梦，瞬间的消逝便成了萍踪过往。有些缘分却落地生根，扎进了你的生命中，从此纠缠不清。"

但其实我想说，缘分从来就不会对谁"纠缠不休"，所谓的纠缠，无非就是人心头的那么些执念和缠缚。一旦我们懂得，爱要有度且心灵不要过分地黏着系缚，那么我们便会发现，缘分带来的只会是两朵生命浪花激荡起的壮丽。

正因为心无系缚，我们才不会被负累困重感所绑架。

【静心禅语】

用心地生活，

去创造幸福，奉献自己，体验快乐，

而不是把所有的身心都捆绑在，

那些变动不居且随时破灭的外境上。

什么都想要的人，什么都得不到

你身边有那种什么都想要的女人吗？

什么都想要的人，不论容貌身材有何差异，收入职业有何不同，但总归是有一个共同点的，那便是贪。比如买衣服，或许我们真的不缺那成堆的花里胡哨的衣服，但看到了自己中意的，便会把它买回来。然而买回来并不常穿，甚至买回很久之后，标签挂牌都还在衣服上。

有些东西，是可以用钱来购买的。有些快乐，是可以通过消费、占有来获得的。但买回过多的东西却并没有给我们的生活带来改善，通过不断占有带来的快乐也持续得十分短暂。于是我们便掉进了一个无限的死循环：越是什么都想要，便越是觉得身心劳顿，即便在尽情地消费、放纵、占有之后，也依然不会真的幸福，以致什么都得不到。

而我们看看那些心思简单，愿意过一种简单生活的女性朋友，她们想要的东西没那么多，但只要是自己拥有的，就必然会珍惜。有时候细细地想去，人这一生需要的东西实在也不必太多。我们什么都想要，实际上是要满足内心的空虚感，而且一直以来我们都被一个根深蒂固的理念所绑架：占有的越多，生活才越幸福，内心才越具有安全感。

然而，物质并不是永远都存在的。

什么都想要的人，有时候心头那"想要"的念头无非是将别人灌输的理念牢固地焊接在了自己的生命之中。在我们身边，总有人说"必须有了大笔存款，你才能活得好"，或者"必须找到一个能赚钱的伴侣，才能过得幸福"。这些观点，虽不能说完全错误，但必然也是有着局限性的。

如果说，为了安全感，为了享受生活而什么都想要的女性是因为过于贪心，那么因为受他人价值观摆布而试图占有一切的女性便是多少有些迷茫了。生活就是自己的，心中的贪念可以对治，但如果将自己的生活听任于他人观念的摆布，那就很难救治了。一个活得智慧且率性的女人，就该像村上春树说的那样："不管全世界所有人怎么说，我都认为自己的感受才是正确的。无论别人怎么看，我绝不打乱自己的节奏。喜欢的事自然可以坚持，不喜欢的怎么也长久不了。"

什么都想要，便注定什么都得不到，因为心中的贪欲是被我们的放纵给喂养大的。同样，生活的方向和节奏，我们

应该自己把控，不必被他人的观念束缚了手脚，更不要为迎合他人而放纵了贪念。

【静心禅语】

给心灵留些空间，

不要用过多的欲望。

挤占了心灵原本的恬静，

别妄想什么都占有。

无尽的贪欲岂能有尽头？

只要你懂了，生命中就没有遗憾

"舍利子，是诸法空相。"

舍利子是释迦牟尼的一位高徒，因为颇有智慧而备受推崇。在这里，向舍利子讲授"空相"智慧的，依然是观自在菩萨。

正是因为五蕴等一切事物的存在，都是因缘和合而生，是由无数无量的条件、因素形成的，所以，这些事物存在，都是时刻变化着的。既然不可能固定不变，那么又何必希望它们永久存在呢？

更何况，不单是这些事物在变化，我们的心念的变化频率更迅疾。因此，就不要对事物产生那么顽固而强烈的执着之心了吧，这样，烦恼也能减轻，直到消失。不那么执着，也就自然能够让身心处于平和的状态了。只有懂得了这个道理，我们的生命中才不会留有遗憾。

想想看，因为我们对事物的执着而产生许多的消极情绪，又因为这些消极情绪，我们带着满心的负能量去面对他

人。在这些时候，我们往往会因为情绪的作用而说出一些伤害人的话，做出一些令他人伤心的事。等到日后我们再回想起自己的所作所为，便生出满心的愧悔。可那时，已经时过境迁了，甚至有些被我们伤害过的人，我们都不可能再见到他们了。这种遗憾和悔恨，就像我们人生中的一道巨大伤口，只要被回忆触及，便会痛彻全身。

我的一位朋友就是这样。她从小就一直误认为自己的奶奶不喜欢她，而是更偏疼她的弟弟。在此后的二十多年岁月里，她总是对奶奶很冷淡。直到奶奶去世前，她才和她的妈妈说起自己隐藏了许久的疑问："为什么奶奶不疼我，不就是我小时候特别顽皮不听话吗？但弟弟也很难管教啊，可为什么奶奶就特别偏爱他呢？"

其实，这位老奶奶是一名教师。也许是职业原因吧，她对谁都是一副严肃的面孔。但我朋友之所以会认为奶奶脸上的所有严肃都是专门针对她的，是因为她先形成了"奶奶不疼我"的这样一个偏见。在此后的岁月里，每当她和奶奶产生矛盾，都会让她的这个想法更加根深蒂固。不论是老人严肃的表情，还是真的对她很严苛。

现在，我的这个朋友说起她那已过世的奶奶时还是有些懊悔，她一直都抱着偏见来对待奶奶直到奶奶去世，这成为她一生的遗憾。因此，有些道理，懂得越早，我们的遗憾便也越少。世上从没有什么后悔药，而落在生命里的遗憾，就真的会成为一道显眼的伤疤。

【静心禅语】

与其担心人生会留有遗憾，

不如从当下做起，

带着智慧去面对生活。

"一切皆空"并非什么都没有，

而是不要对一切都心怀执着。

不生气，不自欺

"不生不灭，不垢不净，不增不减。"

《心经》中所说的"不生不灭"，是从缘起角度来说的，包括五蕴在内的一切诸法（所有的事物、现象等）。它们因为不断变迁的缘故，所以当体为空，虽然呈现出一个具体的存在，可这存在也是有时间和空间等因素限制的。因此，就没有所谓独立的"生"，独立的"灭"；没有被不善的因缘所染，而出现的污垢，也没有被善的因缘熏习，而变垢为净；同时，也不是迷妄时为减而觉悟时为增。

这段经文不是太容易理解。那么我们先来回想一下，平时我们总是执着于表相，这些表面现象给我们带来的烦恼实在也够多。比如，我们经常想着多挣些钱就好了，女孩子总是爱美的，况且青春这么宝贵，理应让自己过得好一些。但当我们花钱比较多了，另一半就不高兴了，就会说："钱真是个坑人的东西！"有时我也很自责，总是买回许多好看却不实用的东西。但是，不论我们对金钱持怎样的态度，钱是没有道德属性的，是不好不坏的，也没有染污与清净的区别。

再比如，我们经常为了某人某事生气，"以后再也不要看到你了"，这就是我们常说的气话；或者为了这些人事物而自欺，明知道做的某些事情不是很恰当，却还要安慰自己这都是对了对方好。

当我们产生这些心念的时候，对方是否也同我们一样被愤怒的火焰烧掉了内心的平和，或者因为我们的干预而真的能把日子过得好起来呢？这就未必了吧。只是我们的心黏着在自己的想法上，黏着在自己的情绪上，而外境和他人却还是如常。

所以说，智慧的女人不要生气也不要自欺。外境和他人如何变化、何时变化，其实并不由我们来掌控，但是，选择把什么装进心里，这却是我们的自由。没有绝对欢喜或痛苦的人生，但是与欢喜相伴，还是和痛苦相随，这个却是要看每个人如何选择了。

【静心禅语】

外境的好坏，无非是由人来定义。

痛苦或幸福，不过是一心的选择。

内心装满了宽容善良，

又怎么会把小小的不顺视为痛苦。

人生是苦还是乐，

只看自己选择的是什么。

从自己的思维中跳脱出来

　　真正的贫穷，是一种心态，是一种思维模式。物质上的匮乏，尚且可以通过努力工作来弥补，但如果内心封闭、思维狭隘，那便会一直落入贫穷的深渊。所以，一切物质上的匮乏，都是因为内心不够丰盛，封闭又狭窄。

所谓气恼，只是自己想得太多

"是故空中无色，无受想行识。"

当我们明白，所谓的物质存在，不过是一种空性的存在，而各种感受、意识和经验，既然是与物质存在相联系的，是由物质存在而引发出来的，那么这感受、意识、觉知、经验等，便也不是实在的了，它们也具有空性。

日本著名作家、大僧正濑户内寂听说："相比于外物的有无，心的有无才更为重要。"这句话正是对这句经文的最佳注解。

在生活中，我们总是会生起很多气恼。旁人问我们时，我们说是因为某人某事才烦恼至此。可是，难道内心的平和安宁真的是被外境打扰了吗？《心经》告诉我们：所谓的气恼，都不过是因为自己想得太多。

愤怒是一种情绪，但这种情绪看似是针对他人而起，实则是我们对自己的评断和想法。有这样一位太太，平时非常贤惠持家，但最近，她却总是闷闷不乐。原来，前不久她家宴请宾客，因为太过忙碌以致出了些小错，本也不是什么大事，甚至都不能算是出错，但这位太太在事后却很不开心，她认为她的爱人因为这事有些恼火，她又想到最近这几天，爱人总是不爱说话，而在以前，他们有说有笑的，从来没有像现在这样，一天也说不上几句话。就因为这个，这位太太竟然气恼得坐卧不宁。直到好友向她的爱人说起此事，她的爱人才惊诧地问："我并没有因为什么事情而和她生气啊，我也没有故意冷落她，最近公司事情特别多，我几乎忙得要住在办公室里了。我根本没有和她赌气，一切都是她自己想多了。"

当这位太太弄明白事情之后，脸色才稍有缓和。可是，她一想到这么多天以来，自己都在焦虑和恼火中过活，自己的爱人居然一点儿都体察不到，于是她的火气竟然比之前更大了些。

能为自己的心情负责的，只能是我们自己。如果我们身处琐碎生活和麻烦风波之中能够看到这些外境不过是暂时生起又很快落下的一幕戏，那么，我们还会对某人某事大动肝火吗？会对着电影里的事情产生过激的情绪吗？现实生活和一幕戏又有什么区别呢？不过都是一种空性的暂时现象而已。

【静心禅语】

如果总是执着于自己的情绪，

那么便无法从这苦恼中跳脱出来。

如果不能放下自己的偏执，

伤痛便会持续一生。

换个角度看问题，就会有不同的感受

"无眼耳鼻舌身意。"眼、耳、鼻、舌、身、意是六根，是六种感觉事物、认识事物的能力。六根与相应的外境接触，便会产生与其相对应的六识。比如，眼根接触到所见的事物，便会对自己所见到的事物产生一定的认识，"这个女人很美丽，很有教养，是自己所喜欢的""这条裙子颜色鲜艳，款式新颖，是自己一直想买的"。诸如此类，便是眼根接触到物质存在后所产生的感受和认识。其他五根的作用过程也是如此。

正因为六根是我们接触世界、产生认识和感觉的门户，所以，这六根也是产生贪、嗔、痴、慢、疑和不正见这六种根本烦恼的原因。我们看待问题，会因为自己的角度、立场不同，产生不同的感受。在很多时候，我们的烦恼和欲望并不是因为外境如何，而是我们看待外境的角度如何。

女人较男人更为敏感，因为太过敏感，在某些时刻会想着要如何进行自我保护。而女性的自我保护意识强一些是一件好事，这总好过轻易相信他人而酿成悲剧。但是，我们不能因为这个世界充满了危险，就放弃对人生的爱，更不能因此而过于紧张焦虑，不然就会成为动辄便怒气横生的妄想狂。

现实生活中未知的、不可预见的危险和伤害确实很多，但我们不要生出"这世界到处都有坏人横行，所以我要时刻小心"诸如此类的念头。如果我们总是抱有这样的念头，那么便会在现实生活中创造出许多"假想敌"。我们用自己的那套方式来"对付"他人，时刻处于戒备状态；总是揣摩着他人的心思，好像他人要对自己图谋不轨；对人对事总是充满了怀疑，既没有朋友，更不曾享受过与人情感交流时的幸福。

我们带着这种倾向来看待世界，其实是在有意识地寻找敌人。一旦与他人发生了矛盾或争执，我们便会用这些来坐实自己的臆想："看，这个世界多可怕，这么多人都要与我为敌。"这种活法是很难受的，时刻让人备受折磨。倒不如换一个角度看问题、看世界，自然会有不同的感受。

要转变自己看待问题的角度，这确实不太容易。因为某些习惯一旦养成，就会成为我们生命里的一部分，要割去它，不仅会不适应，而且会觉得难受。但这些负面的倾向却是我们必须要割舍、要转变的。

【静心禅语】

不要说是现实让我们悲喜，

如果内心足够开阔，

又怎会被生活中的风浪侵袭。

不要说是他人使我们烦恼，

假如内心恒常有善意，

又如何会把他人都视作自己的死敌。

善宽以怀，善感以恩

"无色声香味触法。"

当六根不沾染六尘，那么，我们的心念也就清净了，在这种心平气和的状态下，身心安然舒适，智慧生起而烦恼息下。

其实，外境从来就没有好坏对错之分，有区别的是我们的心。在很多时候，我们都是做了自我感觉的奴隶。同时，我们在有意或无意中，总是把自己内心笼罩的恐惧、焦虑、不安等烦恼投射到了外境和他人身上，而并不是外境和他人真的给自己带来了什么伤害。

一位利用业余时间开办吉他初级课程的教师，就有过这样的经历。一位学员是个年轻女性，平时不太喜欢说话，但兴趣比较广泛。她参加这个吉他初级课程班已经有一段时间了，虽然她学习的速度比较慢，但学的时候却很认真。但这个女生却一直认为，是吉他教师没有好好教她，才导致她的学习速度比其他同期学员都慢一拍。于是，这位女生对吉他教师的态度从最初的不满最终发展成为敌对。某一天，怨念深重的女生开始了滔滔不绝地抱怨和辱骂，最后在其他学员的劝说下才离去。

后来，当其他几位平时和女生关系尚可的学员问起原因时，这个女生便说，她觉得吉他教师就是看不起她，她不漂亮，也没什么钱，在音乐方面也没有天分。于是，她就基于对自己的这些认知，而把因自卑而导致的不良情绪投射到吉他教师身上。

当然，这种情形在我们每一个人的日常生活中都会出现，可能我们就是那个带着偏执观念去对待他人的人，也可能，我们曾经被心怀偏执的人如此对待过。

但是，这都已经过去了，不论那时候你的内心状态如何，都不需再做追悔。从现在开始，带着宽容和感恩去做人做事，未来的生活才会温暖光明。《心经》里所说的"无色声香味触法"说的是一种不被外境影响的平定喜乐的境界。但在达到这种境界之前，我们要怀着善意、感恩在世间行走。不要被自己的偏执所左右，也不要沉溺在自己的妄念里。

【静心禅语】

心怀善意地在生活的荆棘中穿行，

不必在意外境如何，

内心的平定，

便是最大的福气。

唯有智慧，才是最可靠的资粮

"无眼界乃至无意识界。"

没有眼根的束缚，也就不会对外界动心动念。能够做到"遇境无心"，不论经历着怎样的境遇，都不生出黏滞之心念，这便是一种智慧的生命体验。

想想平日里，我们总是被六根牵绊着，每天想的是要看到好看的、漂亮的事物，要听到顺遂自己心意的话，最好每天遇到的人和事，都是我们自己喜欢的才好。我们放任着自己的妄想和欲念，总是想把更多的东西收入自己囊中。每当到了网络购物狂欢的时节，我们便彻夜地守在电脑前，希望花更少的钱，买到更多的东西。然而，这些东西真的是我们生活必需的吗？很明显，不是！因为如果是我们特别急需的物品，我们就不会在意是否打折而是马上就去购买了。

当我们把自己眼睛扫到的"好东西"统统装入购物车时，心下还因省下不少钱而喜滋滋的呢。但是，当这些物品真的涌进我们的生活时，我们就会发现，居住空间怎么越来

越狭小，自己的心境怎么越来越拥堵。不是说购物不对，而是，我们实在没必要被自己的欲望牵着走。眼睛看到的东西很好，于是买来许多无用之物，关键是，我们的心情并不能真的因为这些物品的存在而变好。在购物狂欢过去后，留下的却是银行卡上越来越少的金额以及面对堆积如山的无用物品的焦虑。

但是，如果我们并没有放纵着因为眼根所接触到外境而生起的种种欲念，意识到放纵着自己的欲念是无意义的，这个由物质存在而构成的世界也不过如此，那么，我们就不会一边痛骂自己是"剁手党"，一边又对着促销商品"买买买"了。

当然，适当的消费是应该的。可放纵欲望去消费，无疑只能让我们越买越焦虑，而且还越来越不懂得珍惜，变得贪执而且薄情。如果一个女人，她的心变成了这个样子，那么即便在脸上涂抹再多的化妆品，也依然难以焕发出神采，因为她已经远离了智慧。所以，做个有智慧的女人多重要，只有心生智慧才能给自己找到一种不烦恼的活法。

【静心禅语】

唯有智慧，是世人最好的资粮。

金钱留不住，人生如白驹过隙。

不要放纵欲念，不要被欲望牵着鼻子走。

当欲望减少一半，人生便也轻松许多。

整天为自己，到哪里都会痛苦

"无无明，亦无无明尽。"

所谓"无明"便是业障，便是烦恼，"无明"就是不明白道理，是愚痴的孪生姐妹，是产生执着和贪嗔痴的根源。

如果一个人的内心昏昧，充满了迷惑，不明白事理，那么就会生活在无尽的烦恼中，会被自己各种各样虚妄的念头牵绊着。而女人生来心思敏感，想的事情多，也比较倾向于情绪化，所以就会生出许许多多、相续不断的烦恼。

在我身边，有一位整天都为自己考虑的朋友。按理说，为自己的人生多做考虑、多做打算，也没什么不对。但千万不要超出限度，不然不论走到哪里都会与痛苦相随。

记得有一次大家相邀去郊游，途中一位男生拿出自己提前准备的苹果分给大家，"都是自家果园种出来的果子，给大家尝个新鲜。"说好了一人一个，但这个只考虑自己而不顾及他人的姑娘在咬了一口苹果后便一直嚷嚷着："一个吃不够啊，再多给我一个吧。"没办法，男生便只得让出了自己的那个。而她自己带的食物，却并没有拿出来和大家分享。这样的事情，大家每次一起出去玩儿，都会发生在她身上。

又如，她要去约会，就找我来借衣服。"你那么多衣服，怎么还要借呢？"说实话，我是有些不情愿的。但这姑娘就把我们两人的交情挂在嘴边，最后我倒觉得，如果不借给她衣服，反而是我太小气了，可诸如借衣服去约会这种事情，我们几个小姐妹都已经领教了许多次。

渐渐地，便有几位朋友减少了与她的来往。最初她并不在意，过了一段时间便特别烦恼：她想做的是被千万人宠爱的公主，没想到最后能说得上话的人，都不剩几个了。为此，她感到很难过，也非常苦恼。她逢人就说以前的那些朋友是如何冷落她，却很少想过，自己的言行是否有什么不妥之处。当有人真诚而中肯地对她提出建议时，她却说："如果我不为自己多考虑一些，我就会特别痛苦。"

对自身过分关注而不在乎他人的感受，看似是一种自私行为，但其实也是偏执、无明的表现。这个终日苦恼却不知如何是好的姑娘经常问我，如何才能消除烦恼。用《心经》里"没有无明，便不存在无明的消失"这个道理来说，如果试着不生起烦恼，那也就不会存在如何让烦恼消失

这个困惑了。

　　烦恼是生还是灭，那可不是别人能够控制的啊。试着把关注点从自己转移到他人身上，带着善意去关怀他人、帮助他人，哪里还有时间自己给自己制造烦恼呢？

【静心禅语】

　　心有善意的女人，是最美好的存在。

　　心有智慧的女人，活在心平气和中。

　　面对生活，无须烦恼，无须动气。

　　要知道，所谓的愤怒和烦恼，

　　不过是内心无明成为了根源。

读懂《心经》，明白生活

不知你是否有过这样的感受，心境特别平静空灵，身体非常舒展自在。就这样保持着这种平静的感受，忽然就会觉得，生活真美好，人生真可爱！在读懂《心经》之后，生活便成为了自己的崭新舞台。

能够为别人着想，烦恼一定会少

"乃至无老死，亦无老死尽。"

世间一切，有生便有灭，看似永恒的事物，比如山川、河海、日月星辰等，每一天也是崭新的，因为它们时时刻刻都处于生灭变化中。而我们的生命就更是如此了，没有人能够永远活着。

如果能够理解一切存在，不过是一个暂时聚合的现象，就能够明白这些短暂聚合的现象的性质为空性，是根本没有老死的，也就不会有什么"尽头"可言了。

看看我们自己的心念，每时每刻想到的都是自己。自己要吃好的，穿好的，买喜欢的东西，见喜欢的人，这样看来似乎并没有什么不对。但我们每天总是那么在意自己，却忘记了，我们的这个有形质的身体以及种种感受、认识、思想、行为等不过都是暂时性的存在而已。为了这个短暂性的存在，我们可是没少被烦恼煎熬。

可是如果我们把关注自己的心思拿出来那么一些，多为他人着想，在遇到矛盾时不是先着急上火发脾气，而是想到对方的内心也处在煎熬和烦恼中，也需要被人理解同情，那么我们的火气还会那么大吗？当我们以伤害别人的方式来回应伤害，那么这种痛苦和伤害便会如同浇上滚油的火焰一般。假如我们能够觉察到人与人之间的矛盾也不过是短暂性的存在，就好比洒在地上的水，不一会儿就会蒸发干净，那么我们还有什么必要与人争吵怄气呢？更何况，女人一旦经常处于怒火满心的状态，就会让自己变得容貌失色。都说女人要为自己年老后的容貌负责，这并不是说仅仅注意外部的肌肤保养就可以，比外在保养更重要的是心的保养。

你若不信，就去看那些真正能够体谅他人、为他人着想的女人，她们可能没有绝美的姿色，可是，这样的女人却给人一种舒服安适的感觉。心怀善意的女人，心平气和的女人，才是真正有智慧有福报的女人。

【静心禅语】

为他人着想的女子，

必然是因为心怀善意。

每一个充满善意的心念，

都是对这个世界的祝福。

丢弃浮华，才能真正地不乱于心

"无苦集灭道。"

苦、集、灭、道，是佛家四圣谛。苦谛，是说人生有着无量多的苦恼，苦是现实人生的真相，索达吉堪布的作品《苦才是人生》，便是取此意。但即便人生充满了苦楚，我们依然要心怀善意地生活。揭示出人生是苦这个道理，并不是让我们从此悲观地去生活，而是认识到苦的真相后找到"不苦"的方法。

集谛中的"集"是集起之意，它说明了人生的痛苦是如何产生的。正是因为我们自身的愚痴无明以及贪欲嗔等烦恼不停地涌动，才造成种种不善业，正由于这些不善业，才招集来种种痛苦。

灭谛，是说只有熄灭过多的欲望，安住在不乱的境界中，才是人生最为理想圆满的境界。如果我们的内心每天都乱糟糟的，尤其是看到自己不喜欢的人事物，听到自己不愿意听的话语，遭遇不顺自己心意的事情，那么更是如同置身在炭火上一般，从心到身，都不得自在，那就不是人生最理想的境界。

道谛，是说只有通过修行，我们才能让身心保持在一个喜乐平和的状态，通过修行，我们能够觉悟到人生和宇宙的真理。因此我们可以将其理解为一种方法或途径，能够帮助我们离苦得乐，或者说得再生活化一些，就是给我们一种拥有智慧而完美的现实人生的方法。

在很多时候，我们似乎总是与幸福擦肩而过，我们分明听到了幸福离去的脚步声，可却并未感知到它曾经来过。如果说，抛弃更多的欲求，让自己努力地服务大众，就是获取幸福的途径，可为什么很多女性能够做到这两点，却依然内心烦乱，毫无幸福感呢？哲学家叔本华认为，幸福取决于我们的感知力，我们的幸福取决于我们是什么样的人。尽管表面看来，我们能够放下虚荣，抛下过分的欲望，但是，最怕的就是我们会津津乐道于自己的这些表面行为，而并没有真正地远离浮华。

有太多的人把修行挂在嘴边，让修行变成了一种行为艺术。但只有真正地摈弃内心的浮华，才有可能收获到真正的安宁。所谓的心平气和，不是装个表面样子，而是通过智慧觉悟之后将身心调整舒适后的一种状态。

【静心禅语】

能够困住心的是欲望，

能够降伏欲望的，是我们自己。

当这世界越浮华，

我们就应该越平定。

生活给你巴掌，但也给你拥抱

"无智亦无得。"

凡是有智，便会有愚；凡是有得，便必然有失。这是一种不自在的相对状态。而大自在、大智慧的状态则是，没有什么特别显露出的智能，也就不会有愚笨；没有得到过什么，自然也就无所谓失去。就像我们经常说的，能占下多大的便宜，就得吃下多大的亏。当然，在很多时候，我们会发现，自己不仅没有占便宜，反而争吃亏了，也就是"被生活给抽了个大巴掌"。

世上谁人不曾被生活或轻或重地撞了一下腰？谁人不曾被命运或多或少地抽过大巴掌？但我们会因此就诅咒生活吗？恐怕只有最为愚痴的人才会这样做吧。

一般人是这样看待生活的：虽然它不待见我，但我可以珍爱它；即便被生活抽了巴掌，但它也给了自己很多温暖的拥抱啊。所以，为什么要对生活抱以恐惧心理呢？就因为生活中充满了变动，充满了不如意，难道就要放弃对生活的热

爱吗？在《少有人走的路》中，作者 M.斯科特·派克写道："大部分的恐惧与懒惰有关，这句话深具道理。我们常常会害怕改变，其实，都是因为自己太懒了，懒得去适应新的环境，懒得去学习新的知识，涉足新的领域，但是，如果总是这样的话，如何能让自己成熟起来呢？"

所谓的"生活抽来的巴掌"，说的也就是这个意思。生活中常有变故，不论是哪方面的变故，只要是违背了我们最初的心意，没有按照我们的预期心愿发展下去，都是令人痛苦的。但是，正因为生活有变数，人生才充满了转机。

我曾经一直期待着能够在学业上有更为长远的发展，但不论我怎么努力，最后的结果都不尽如人意。就当时来看，那确实是段非常难熬的岁月。可在被生活接连抽了几巴掌后，居然又看到了转机，然后似乎又看到了一片光明。只是，在接下来的日子里，我还是经历着"风雨之后见阳光"的生活。不过，每个人的日子，不都是这样走过来的吗？

所以，在读到"无智亦无得"时我就想，生活中有阳光有风雨，有快乐有伤痛，而这就是生命的常态，那么我们就不要计较是被拥抱的次数多，还是被打击的时候多。总这么计较，心会很累，也很容易变得不平静、不平衡。

不论生活怎样，我们对着它唱情歌就好，至少这是我们自己的生活，它不会像恋人那样说走就走，却一定能在我们的经营下变得越来越好。

【静心禅语】

生活给我们苦难，却也给我们阳光。

真正热爱生活的人，不论身处何种境地，

都能带着感恩的心对生活唱情歌。

真正懂得生活的女子，不论什么时候，

都能尽情地拥抱生活，连同它给予的苦难。

好心态，才是和我们共度一生的伴侣

"以无所得故，菩提萨埵，依般若波罗蜜多故。"

当得失计较的心念泯除后，贪执的欲望消减后，不再对"我"这种生命现象和现实存在苦苦执着后，方才称得上是步入正道的有觉悟的人，遵照六度的修行方法来提升生命境界，并且也在尽自己所能去帮助其他众生。

看看平日里的你我，是不是经常为一些事担心牵挂？一位闺蜜整天忧心忡忡的，生活中的大事小情都能让她心烦意乱，她似乎与生俱来就有着一个根深蒂固的信念："这个世界太可怕了，它是一个充满各种未知危险的地方。"虽然世界上每天都有不幸的消息，比如哪位女性因为独自旅行而遇到危险，或者纯真的姑娘遭到狠心恋人的抛弃而选择轻生。但是，世界上也有很多充满阳光的、积极正面的事情。我们活在这珍贵的人间，只要相信，不论什么时候、什么地点遇到了风雨，都一定会再次看到阳光。更何况，有很多悲剧本身是可以避免的，根本不必因为那些不幸的消息而悲观绝望。好心态，胜过好伴侣，好心态，就是陪伴我们一生的好朋友。

如果说对自身安全的关注，不论如何过分，那都是应当的话，那么，对各种事情的得失计较就真的没必要了。这位闺蜜在生活中是很难让给别人一分一毫的，以前还在学校时，她经常说的便是"某某的论文写得根本不值一提，居然还能拿个优秀，而我那么努力却也没强过她""某同学说我新买的衣服不好看，可分明是她自己没有审美能力"……这样的话，我们听了千万遍。但是，她的心境和生活，并没有因为喋喋不休地抱怨而变得更好。

再看那些好心态的女人们，虽然偶尔也会因为生活中的不如意而叹息失望，但至少不会每天都把抱怨的话挂在嘴边；虽然她们也会被某些人充满恶意的言行所伤害，可始终却没有放弃对善意的信仰。那些具有智慧的女人，则从人生经历中渐渐地了解到得失从来就是平衡的，而最智慧的女人却知道，从《心经》中就能领悟到人生的真相——这世间的一切，哪有什么是恒常不变的呢？既然万事万物的本来面目不过就是个不停地变动，呈现为一种空相，那又何必去执着，不执着又怎么会有计较？不去计较，自然内心坦然舒适，这样的智慧，又岂是世间的小聪明、小盘算所能相比的？

【静心禅语】

不要妄想找一个十全十美的伴侣，

而应该让好心态陪伴自己一生。

不要试图和世间一切去计较，

从来就没有什么，是恒常不变的存在。

如何获得真正的宁静

"心无挂碍，无挂碍故，无有恐怖。"

心上没有什么可执着的，也就谈不上要破除执着，正是因为没有执着，所以也就没有挂碍，没有执着的念头，也就不会担心有所得失，自然就内心平定，不会生出恐怖焦虑等情绪来扰乱自己。

人生是一种艺术，或者说，是一种具有美感的放弃。世上的好东西确实很多，但我们不可能把什么都统统地纳入自己的囊中，也不可能把不想要的东西全部都屏蔽在自己的生命之外，更不可能把自己喜欢的人事物永远地留在自己的生命里。我们需要智慧而清醒地活着，去享受生活，给自己也给他人创造出更多的幸福感。正如雪漠老师在《一个人的西部》中说："我不愿用宝贵的生命，去在乎一些留不住的东西，我要清醒地、明白地，享受我的人生。"

然而，我们总是会被自己制造出的恐惧、焦灼和愤怒破坏掉生命本有的清净安宁。虽然在很多场合下，看似是别人惹怒了我们，是别人的一些不够友善或无心的话语刺伤了我们，但其实，这伤痛依然是由我们自己制造出来的。如果用《心经》中所阐释的智慧来看，我们生命中所有的痛苦，其实都和他人无关。

是的，有些居心不良之人确实给我们制造了很多麻烦和困扰，在我们的身心上留下了道道伤口。虽然我们无法阻止他人的恶意伤害，但我们却可以控制伤口的愈合速度。你是要一辈子沉浸在往日的悲伤中直到终老，还是放自己一马，不和过去计较，在余下的生命中绚烂成苍穹上的明星？这些都由我们自己来掌控。就像内心中真正的安宁平静，从来都不是我们求着他人带给我们的，而是我们带给自己的。

心头的挂碍，还真不是说放下就能放下的，若不然，我们也不会痛苦挣扎了。但至少意识到自己累了，想换一种活法了，想让生命进化到更美好的状态了，这就说明，我们虽然被种种烦恼拖累，却依然没有彻底放弃自己。

我们的这颗心啊，时时刻刻都被一些非常愚痴可笑的念头牵绊着，它不得平静，更说不上自在。虽然我们每天都喊着"人生来就是自由的"，但其实我们并不自由。因为心头的挂碍太多了，不论面对什么人，身在什么地方，只要心头挂碍多，必然不得自在平静。

要真正想让心灵自在平静下来，就应该依靠《心经》为我们指出的方法来观照自己的生命，观照生命中出现的一切。你看有哪一件事物是真的可以恒常不变的？曾经爱过的，可以不爱；曾经憎恶的，在经过沟通了解之后也许会喜爱。所以啊，别为了那些短暂的不快而恼火不已，对于宝贵的生命来说，这些因愚痴而生起的烦恼，都是不值得的。

【静心禅语】

过去的伤痛或委屈，

无非就是一个幻影。

如果一直回头向着过去看，

你又怎能看到未来人生道路上，

那最美丽的花朵，最柔白的云。

不生气的女人

女人唯有修心，才能得到幸福

慈悲的力量：善有善果

慈悲的力量总是平和温柔的，就像慈母的手，温暖有力，给我们带来安心。怀着慈悲之心对待世界的人是有福气的，因为她总能处于平和安适的状态中。她不气恼，不恐惧，因为有了善意和慈悲，于是平淡的人生便也焕发出了光彩。

舒展的心灵，为生命留出自由的空间

"远离颠倒梦想，究竟涅槃。"

心头没有执着，没有挂碍，也就不会有恐怖和痛苦，于是就能够从颠倒混乱的心念中走出来，最终达到真正平和清净、永无热恼的生命状态。

只有明白了空性的道理，才不至于被现实人生中的一些障碍所困。通达了空性的智慧后，生活中就不会再有所谓的障碍，我们的心灵就会日益变得舒展宽松起来。于是，我们的生命空间也便能得到不断地扩展。

这个世界是什么呢？它和我们的生命一样，只是一个过程。它不断地成为过去，然后前面是无穷尽的未来。它死去却又再生，因为这个世界，不过是一个物质存有的现象。就像我们人体一样，有着新陈代谢，每一秒都处于变化之中，不论是情感关系，还是财富权势。《心经》告诉我们的空性智慧就是：放弃对那个根深蒂固的"我"的观念吧。世间果真有哪一个事物是属于"我"的吗？没有。

启示篇

先来看看，哪一个是"我"。人体由地、水、火、风这四大要素构成，其分别对应着骨骼、水分、热量、呼吸等。如果有人不小心割破了手指，滴落了两滴血，他就说："我把自己给流出去了。"别人就会感觉很奇怪。如果他继续说，那滴落的血液里就有自己，那么估计大家就会笑他是个神经病。再或者，一位女士瘦身成功之后，如果说减肥减去了多余的自己，那么人们也不会理解。可见，这四大要素之中，没有哪一个可以代表整体之"我"。这也说明，人体是由各个元素互相依赖而构成的，离开任何一个，都不能构成正常的人体，但并没有哪一个元素能够代表"我"。

那么，什么叫作颠倒梦想呢？便是以为无常变化的事物是恒久存在，因而勾起贪爱执着，又因为贪执而生出许多烦恼。心上都被烦恼的、颠倒的念头挤占了，生命哪里还得自在？每天想的都是如何占有那不停变化的事物，哪里还能感觉到享受生命、创造生命的乐趣？

【静心禅语】

不明白空性的智慧，

便只能徒生烦恼。

把变化无常的现象当作永恒，

便只能生活在贪执和痛苦中。

心念不同，人生就会有差别

"三世诸佛，依般若波罗蜜多故，得阿耨多罗三藐三菩提"。

过去、现在、未来所有的觉悟者，都是依照般若波罗蜜多的修行方法，证得了无上正等正觉。

每一个人的人生，都是独属于她自己的艺术品，而心念，便是这件艺术品的作者。人的心念各不相同，每个人的人生境遇便因此有了不同的显现；在不同的生命阶段，同一个人自心的念头随时变化，所以，当她心念美好，充满善意时，她的生命能量和生活状态便不会太差。

心头常生欢喜、不容易动气也比较关注自我成长的女人，她或许并不是很漂亮，但因为心念中带着芳香，因而使得人们都愿意亲近她，因为她能让身边的人感受到生活的美好，并给大家一种正向的能量。而反观长期哀怨满腹的女人，必然容易小题大做，看不到生活中那微小的幸福，却无限地放大人生中的不如意之处。经常怒火丛生的女人，纵然原本美貌无双，但心中的嗔恨会慢慢地刻印在脸上，最初的美丽不再，取而代之的只是一张对人生满带恨意的脸。

这就是心念的力量。

每一种心念都带着能量，但可悲的是，我们经常控制不了自己的心念。比如，当我们生气时，想的就是一些不好的念头。然而我们万万没想到的是，这些不善的念头会给自己的人生带来诸多障碍。所以，只有先修好了心念，能够随时随地对心念产生察觉，才能及时刹住那些不善的心念。

心念有时候也带着"惯性"。长期生气的人，很可能在最初控制不住自己发脾气的冲动，因此，这就需要我们按照那些觉悟者实践过的修行途径来调整自己的身心状态。这也是为何《心经》中会强调：精进不懈地修行六波罗蜜，才有可能从烦恼痛苦中走出来，再不生起那不善的心念，而代之以美善的心念。

【静心禅语】

真正能够让我们永远痛苦的，

只有那些不善的心念。

每个人的人生走向，

都与各自的心念密不可分。

愿此心常处清净欢喜，

收获一个真正幸福的人生。

成全别人便是成就自己

"故知般若波罗蜜多，是大神咒，是大明咒，是无上咒，是无等等咒"。

般若波罗蜜多具有不可思议的威力，能够给人们带来智慧，破除心底的愚痴无明，依照这种方法来修行，便能获得无上的智慧，帮助人们觉悟到自性的光芒，所以它是无上的，具有威力的，是一切智慧的自然流露。

佛法提倡的是自他两利，我们成全别人，便是成就自己。般若波罗蜜多有如此大的威力，能够给人们带来智慧和光明，就在于它提醒人们要觉察到自身的空性和世界的空性，如此，我们就不必将自己局限于自身之中，更不必深陷在对欲望的贪执中。这样，我们就可以从贪婪、悭吝、冷漠等劣性筑起的围墙中走出来。当我们把自己释放出来，开始像爱自己那般地去爱着别人，想着的是如何帮助别人、成全别人，我们哪里还能轻易发火？又怎么会经常掉进嗔恨的泥潭中而无法脱身？

有一个姑娘向别人传授自己的生活心得，她说，她生活得这么开心，就是因为她在放下自我的同时开始去接纳他人，进而去帮助、成全他人。这个过程要坚持下来确实很难。我们可能听过"一定要对自己好，一定要爱自己"这样的话。但我们对自己的爱，却是固执又偏激，甚至把不断地满足自己的贪欲也当作了对自己的爱。可欲望是填不满的。这就如同人在口渴时喝海水，不仅不解渴，反而会越发地口干。

　　同时，放纵自己的脾气也不是对自己应有的爱。真正爱自己的女人，绝不会不爱惜自己，绝不会放纵着心头的火气。一切烦恼，皆是过于执着自我。所以说，我们要把目光从自己身上转向他人，当我们看到他人的烦恼时就会联想到自己的烦恼，当我们愿意伸出援手尽量地帮助他人时，我们就是在远离对自我的执着、远离不如己意时而生起的嗔恨。

　　成全他人带给我们的成就或许不是在物质层面，但如果能因此而收获内心的平静欢喜，这种成就，岂不是比单纯的物质所得更为丰盛吗？

【静心禅语】

带着善意成全别人，

其实是在种下善缘。

每一个善念都如清泉，

洗涤我们过分的私欲。

爱，也是一种修行

"能除一切苦，真实不虚"。

一切苦恼的感受，都是由自心制造出的，因此也只有自己才能破除，而依照正法修行的人，便具有这样的本领，能够随时随地破除烦恼，将自己从痛苦的境地中解脱出来。

《心经》讲的是空性道理，但是它说的也是慈悲，而慈悲便是对众生的大爱，这也是一种修行。一位朋友说，不必计较站在街角的乞丐是真还是假，从他们走上街头去乞讨的那刻起，他们已经是真的乞丐了，而如果他们因为路人施舍的善款没有达到自己的心理预期而大动肝火，那么他们便不仅是乞丐，更是一个可怜人了。同样的道理，当有些人被自己的坏情绪左右而做出伤害他人的事情时，他们也是可怜的。对于这样的人，我们不应该被他们的坏情绪牵着鼻子走，而是尽可能地去包容他们。毕竟，当人们被坏情绪缠裹了自心时，就好比病人身上的病痛，他们都是痛苦的，我们又怎么忍心再让他们陷入更痛苦的境地呢？

　　然而，这样说来确实容易，口头上的爱与宽恕远比实际行动来得更轻松。况且，我们每一天、每个时刻，也有可能被自己的坏情绪抓住身心，从而做出伤害他人的事情来。这就需要我们经常地观察自己的心念，当心中闪过不善的念头时及时掐灭，当坏情绪产生时，至少能尽量地控制住。

　　嘴巴上挂着的修行和慈悲谁不会说？难的是行动，并且还要坚持数十年。当我们明白，所有人的愤怒，都是出于对自我的执念，那么我们便能够体会到他人的痛苦了。因为我们时常因为对自己过于关注，才会对他人的言行做出激烈的反应。当我们把对自己的爱，分出一部分给他人时，我们也就能少生一些闲气，多生出一些欢喜。这样的心境，才是真正的无碍自在。

【静心禅语】

　　燃烧的情绪，其根源在于强烈的我执。

　　有意识地控制心念，

　　便不会一再地陷入情绪的深渊。

　　不被情绪拖着走，

　　便是真正智慧的自在人。

别让脾气毁了自己的人生

"故说般若波罗蜜多咒，即说咒曰，揭谛揭谛，波罗揭谛，波罗僧揭谛，菩提萨婆诃"。

般若波罗蜜多具有将人们觉悟到人生和宇宙的真相，了悟到空性智慧，帮助人们拔除苦难的力量。"揭谛揭谛，波罗揭谛，波罗僧揭谛，菩提萨婆诃"便是这功德圆满的真言。

能够刺痛我们的，必然是我们所在乎的人事物，这种巨大而坚固的"在乎"，代表了我们的执着，而这种刺痛感，实际上是戳中了我们的贪欲。欲望是无法消灭的，实际上也无须消灭，诸如吃饭、休息等正常的欲望，何必要消灭呢？需要消除的是多余而无益的欲望，比如，我们都希望能够成为一个心性平和、人人喜爱的姑娘，这是一种良性的欲望，我们就不必消除。但如果我们每天想的都是如何驱使他人、如何征服他人、如何与人争强斗狠，那么这样的欲望便应当去除。因为这些不合理的欲望是无法实现的，而无法实现的

欲望，必然会点燃我们的怒火，使我们沦为坏脾气的奴仆。

也许有些人觉得，自己发脾气不过就是当时心情不好，小小地宣泄一下，不会给他人造成什么影响。但我们都应该明白，没有谁能够包容我们一辈子，更何况宣泄坏情绪的途径有许多，为什么偏偏要选最是百害无一利的途径呢？

【静心禅语】

对生命充满爱，才能感受到爱。

创造有大爱的人生，

应成为我们时刻当有的心念。

充满爱的心念里，没有恐惧和嗔怒，

让我们用充满爱的声音对这个世界说感恩。

心如地，当常清扫

　　我们的心性如天空，似大地，应当时常清扫，把那些杂念妄想都清除出去。生命原该轻盈自在，就不要再给自己制造烦恼了，也不要一再地陷入嗔恨怒火之中了。作为女人，你其实可以不生气，你可以每天都心平气和地面对生活，只要你读懂《心经》，读懂它所蕴含的智慧，自在幸福的人生根本不是梦！

女人，其实你可以不生气

在《楞严经》中有这样一句经文："一切浮尘诸幻化相，当处出生，随处灭尽。"它提醒着我们，当下的每一种经历、体验、感觉、情绪等，都会成为一个个飞逝而过的瞬间。这就好比，我们在梦中体验到了喜怒哀乐，但梦醒之后，就什么都不存在了。而人生，确实就如同梦境一般，过去了，就是过去了，虽然已经过去的心念、经历等会对未来的人生产生影响，但它毕竟也只是一个瞬间。

因此《心经》中说，色、受、想、行、识这五蕴不过都是一种假名称谓，并不是实际的存在。我们以现实生活中的一个场景来举例吧。

因为一点生活琐事，小L与人争吵起来。对方说话咄咄逼人，小L便针锋相对；对方态度蛮横不讲理，小L便得理不饶人。这时有人过来劝解，小L便说对方的那些恶言恶语都是针对她的，她是被对方的言行点燃了怒火，才进行的反击。

其实这件事中，没有谁最无辜，也没有谁做得最过分。

只是两个执着于自己心念和情绪的人在白白浪费时间而已。

现实生活中难免有人对我们看不顺眼，但我们也没必要做一个刻意讨别人欢喜的人。别人对我们是诋毁还是赞美，那不过是最短暂不过的存在。一句话说出来不过几十秒的时间，说完后也不留丝毫痕迹。倒是我们自己，非要执着于他人的评断和言论。女人啊，其实可以不生气。任何一种事物都是转瞬即逝的存在，那么我们眼中所谓的"他人的冒犯"，无非就是太过重视自我衍生出的烦恼罢了。

生活中的矛盾，应当抱着这样的心态来对待：当它发生时，就已经成为了过去；而它过去，就应当彻底过去。不要把负面情绪诸如仇恨、焦虑、愤怒等延续到未来的生命中。和这些转瞬即逝的事物闹情绪，那是对未来生命的辜负。

【静心禅语】

世间的矛盾，需要静心看待，

满心的嗔恨不能解决任何问题。

做一个不生气的女人，

在任何境况下都保持平定安静，

让智慧的清泉浇灌身心，

以真实的喜悦替代嗔恨。

习惯于包容，便是一种觉悟

《神会语录》中记载了这么一个故事：

某日，神会向人们说："不著相即是真如。何谓真如呢？真如即指无念。何谓无念呢？无念是不思有无；不思善恶；不思有限无限；不思计量或非计量；不思觉悟，也不思被悟；不思涅槃，也不思得涅槃：这就是无念。"

这是说，不对一切事物、现象、存有关系等产生执着，这便是真如；而真如便是不生出多余的杂念妄想，不去思考事物的有无、善恶、有限无限等分别计较，也不去想过去未来等事，不考虑觉悟者和被觉悟者，也不思考能不能得到最终的圆满解脱。这样的身心状态，就是无念。

当然，这样的生命体验于你我来说实在颇有难度，但至少我们可以尝试着做一些更接地气的生命觉悟的体验。比如，练习着如何更包容。不仅是包容他人对自己的恶言恶行，也要包容自己生命中发生的让人不够欢喜的事情，还要包容并接纳进入自己生命中的其他人。

真正的包容是内心对缘起性空的法则有了一定的认识、理解之后，对进入自己生命中的事物采取的一种态度。因为内因外缘的作用，有些人事物才会与我们发生某种关联，而这种关系并不会长久存在或者保持着最初时的状态。

　　当然，如果只是明白缘起性空、因缘相续的道理并不能有助于我们减少丝毫的烦恼。我们要做的是，在自己的生命体验中观察到事物和关系存在的生灭变化过程。比如，当有人与我们发生小摩擦、小纠纷时，我们第一时间要做的不是发怒、不是回击，而是要想到不去反复地执着、思量这些令人不快的感受，它就是一种随时生起又旋即过去的现象。这短暂的存在，与我们未来的人生相比，实在太微不足道了。

　　想想这些，我们的心胸就能很容易地打开了。当我们把这种对生命中的一切关系的观察演变为一种习惯，才能够真的做到包容。包容是一种渐次的修行，先从对小事的包容做起，慢慢地心量就会逐渐打开，生命的高度也便随之渐次提升。

【静心禅语】

　　习惯包容，是一种对人生的觉悟。

包容并非是毫无底线的容忍，

而是对进入生命中的事物先行接纳。

唯有接纳，才有解决的可能。

而唯有包容，才能减少无益的争端。

修行是为了活得更有质量

有一位在殡仪馆工作的美国女孩，她在根据自己经历的真实事件改写而成的新书《烟雾弥漫你的眼》中这样写道："直面死亡并非易事。为了逃避它的存在，我们选择被蒙上双眼，对死亡和临终的真实性视而不见。"

其实，别说直面死亡了，在很多时候，我们连自己身上的缺点毛病都无法直接面对。比如，当有人出于善意给我们提出一些建议时，我们可能就火冒三丈。即使别人说得也并没有错，但我们内心就横放着一个大大的"我"。我们会觉得，有人说自己哪里做得不好，这就是不给自己面子的表现。

在同样的时间里，有人在安享生活，有人在辛勤工作，但往往那些被愤怒和烦恼裹挟着身心的人最不得平静。很明显，如果我们每天都是这样的状态，那么生活质量一定会降低。对于你我而言，人生中的每一天都珍贵非常。我们应该想的是如何让生活更有质量，而不是每天都在负面情绪之中艰难度日。正因为我们对未来的生活还抱有希望，所以我们需要走上修行之路。常人对修行有所误解，以为修行就是舍弃工作和家庭，寻求来世的幸福。其实，修行就是修整身心，它不应该是远离生活、远离社会的。修行就是要在社会的一切关系及生活现实中对自身进行修整。

每当我们遇到不顺心的事情时，我们都会生气、抑郁、烦闷。而这些负面情绪正是我们要注意的。法国心理学家克里斯托夫·安德烈说："情绪，是一种流动的能量，每一种常见的身心疾病，都是因情绪堵塞而致。"

修行，就是要调整自己的心理状态，调节自己的不良情绪，虽然这两点并不足以囊括修行的全部，但这对女性来说却是非常重要的两个方面。心理状态决定了我们对生活的感受，而情绪则影响着我们的身心健康。只有把自己的内在修整到位，爱情、事业、幸福生活才会成为可能。

【静心禅语】

修行带给我们静美怡然的心态，

修行帮助我们修整身心的状态，

修行并非为占有的更多，

而是要提升自己与众生的生命质量。

不要压抑你的情绪和烦恼

在我们的生活中，总是有些不堪回首的经历，总是有些挫折无法躲过。有人说，人生无处不磨难，在磨难中，我们修炼出的不一定是勇气，也可能是无尽的烦恼。在烦恼生起时，我们总喜欢怨天尤人，对未来的人生充满了悲观情绪。这时候的滋味不好受，这种痛苦也无人能够替我们分担。

这些人生中的痛苦是别人给我们的吗？仔细想想，好像是。伴侣也好，朋友也罢，正是因为他们的某些言行给自己造成了痛苦。可再仔细去观察一下，这痛苦好像又不是别人给的。如果我们自己的心态足够良好，那么无论生活中遇到多少麻烦的事情和复杂的关系，都只会当作一种人生经历，而不会纠结其中，即便偶有烦恼生起也能淡然对待，而不是压制或者选择彻底无视。

压制烦恼，就等于是给了烦恼再次折磨自己的机会，也等于是再次把痛苦强加在自己的身上。因此，我们不要压抑自己的情绪和烦恼，而要静静地面对它们，却并不怀

恐惧之心。

《心经》里面说，物质存在以及各种关系、现象都是根据外在内在的诸多条件而发生的。构成这些事物、现象和关系的诸多条件发生变化时，它们也会随之变化。但是，我们偏就容易被眼前的事情遮蔽了双眼而不得觉悟。生活中所有的挫折、痛苦、烦恼、欲望以及种种情绪，都是分分秒秒在变化着的，因此，这些都不是真实存在的。而情绪和烦恼之所以会对我们的生活制造障碍，那是因为我们太在意它们了，以致忘记了生命中还有其他更有意义的事情。

这就好比当有人用手挡着月亮时，我们只是看到了那只手，并且还在心里埋怨："它怎么遮挡了我的视线，我眼前只能看到这只手。"其实，这时候我们只需要把目光投向远方，调整一下自己的视线，就能看到空中那轮皎洁明亮的圆月。

在生活中我们经常不肯正视自己的烦恼和情绪，当被人指出时会很难为情。或者只是看到了烦恼和情绪，却不愿意采取行之有效的方法来疏导、化解。这两种做法，无论是哪一个，都算不上是智慧的。

【静心禅语】

越是不断有烦恼生起，

越是提醒我们要沉静平和。

我们要学会专注，

专注于正知正念和正觉上。

不要压制一切烦恼，

也不要对烦恼心怀恐惧。

所谓善良，就是懂得好好说话

我们经常看到一些文章里说，女孩子最好能够时刻心怀善意，带着善意面对他人、面对生活。那么善意是什么呢？善意就是让众生能够生活得更美好。

其实，生活中的一些小小善举，在给别人带来帮助和温暖的同时，也给我们自己带来幸福感。英国《每日邮报》曾报道过一项调查研究，当人们被烦恼、压力困扰时，如果能够做一些有助于他人的事情，就能有效地缓解身心压力，在一定程度上化解焦虑和烦恼。负面情绪减少后，正向的感受便会随之生起。

在日常生活里，还要做一项带着善意却很不起眼的举动，这就是"好好说话"。每天我们都要与人打交道，都要通过语言来表达自己的想法、情感和请求等。真正的心怀善意，并不是要做个样子给别人看，而是要把善意变成日常生活中的一项习惯。

因此，能够好好说话，说和气的话，用和气的态度说

106

话，用慈柔悲悯的心来与人沟通，就能帮助自己和他人减少诸多烦恼。

有些女性朋友与人发生矛盾时，说话的声音和语气也开始变得激烈、生硬起来。要控制怒火，倒也不必马上去静坐诵经，因为在大多数情况下，我们可能不具备这样的条件。有个非常简便易行的做法，能够有效地控制愤怒的情绪，这就是"好好说话"。当我们再生气时，先把自己的说话音调降低，语速变慢，然后我们会惊奇地发现，对方也会降低自己的说话声音。

"好好说话"真的是一项很寻常的善意举动。而正是因为它太寻常了，以至于我们经常忽视掉。但也正是这种很微小寻常的举动，才最能体现出一个人内心的善意。所以，做一个不容易被怒火点燃的女人，先从好好说话做起。

【静心禅语】

真正的善意，是平和温暖的，

它不事雕琢，也不哗众取宠。

让善意成为一种日常习惯，

让善意成为滋养众生的涓涓暖流。

不生气的女人

女人唯有修心,才能得到幸福

第八课

你当学会，让自己的心更有力量

　　真正有力量的心灵，总是宽容博大的；真正优雅美丽的女人，总是心平气和的。当烦恼袭来不要怕，读一读《心经》吧，这样便能安然地度过当下。当内心缺少力量时，读一读《心经》吧，它能清扫心头的云翳，让喜悦的光芒再次生起。

一切烦恼，总有解决的办法

洛克菲勒说过这么一段话："消极人士只会哀叹时运不济，从不用带有欣赏性的眼光把自己看成是有分量、有价值的人，他们失去了让自己全力以赴的念头，以及自我鼓励的能力，反而让消极占满了自己的内心。明智的人绝不会停顿在对时运不济的哀叹和抱怨中。"

若是用一句话来总结，那便是人生中的一切烦恼，总会有解决的办法。所以，世上不存在绝对的不幸，如果有，那也是因为我们先给自己的人生设限，以为自己心性顽劣或烦恼炽盛，无法真正地安静下来。这些都是因为我们没有了解到自己的心性，而我们之所以对自己的心性缺少觉知，便是因为我们的视野以及关注的方向出现了偏差。

如果一个人把所有的精力都放在玩乐上，那么就会对人生中出现的烦恼束手无策。但如果我们时常地观照自己的内心，就会发现，实际上人生是没有会永久存在的烦恼的。往心内探求，这就是般若。这就好比，我们年少时有年少时的郁闷，长大后有长大后的不快。一个烦恼短暂地出现在我们的生命历程中，而我们要么是对它完全地不在乎，任其膨胀发展；要么就是终日惶恐，最终被烦恼的黑洞吞噬。但如果当烦恼生起时，我们停下忙碌的事情，停下匆匆的脚步，回到自己的内心世界去观察，就会发现烦恼无非就是把那原本时刻都在变化的事物视为永存而已。我们以为感情不会变化，于是从一开始就紧紧地用感情缠缚着自己和对方。可世上没有不会改变的关系，感情也是如此。一旦感情的变化不符合自己的期待，烦恼便顿时生起。

说到底，这就是执着的表现。可见，要解决烦恼，就要放下内心固执的念头，把自己从执着的心网中释放出来。

每时每刻，我们的脑海中都有无数的念头，因为这些念头的出现而牵动情绪出现种种变化。或许我们无法让那些负面的念头和情绪彻底远离自己，从脑海中清除掉。但如果我们能够观察到它们，在它们对自己起到负面影响时就清醒过来，那么，这已经是迈向自由解脱之路的第一步了。

【静心禅语】

纵然烦恼时时生起，

但它并不是真正的洪水猛兽。

如果我们对烦恼没有正确的认识，

如果我们不能正视负面情绪，

那才是对生命最大的戕害。

内心保持清醒，便不会陷于愤怒

在日常生活中，我们常常会被各种名相捆绑住。面对着某件事物或者某个人，我们习惯于先贴上"这是好的""那是坏的"等标签，然后便会被这些标签遮蔽了本心，进而陷入自己的思想所编织的牢笼之中失去了自由。在负面情绪出现时，我们更是如此。

当诸如愤怒、仇恨等负面情绪生起时，由于缺少对内心的警觉，缺少清醒的意识，我们便可能任由愤怒之火烧遍了内心。

但是，在愤怒中保持着足够的清醒，并不是在任何时候都能做到的。因为在平时我们就对自己的心、对自己的情绪和念头缺少觉察，所以当愤怒情绪爆发时，我们也就根本无法控制。就好比一个在平日根本不运动的人，忽然要他去参加跑步竞赛，他是很难拿到好成绩一样。

因此在平时我们要对自己的念头格外留意，一次小的情绪波动，一些看似微不足道的心念，都有可能通过量变的

积累而成为压垮我们身心健康的因素。

在观察、觉知到自己的那些微小的情绪波动和心念时，就要尝试着"切断"它们。这就像我们觉察到某人的言行不是很友善，就会生起"这个人真无礼，太令人愤怒了"的想法一样。然后呢，如果对方对自己的言行有愧疚、道歉的表现，我们的怒火也就消散了；但如果对方还在火上浇油，那么我们就可能彻底爆发。

瞧瞧，这就是内心不够冷静、不够清醒时做出的行为，也是缺乏定力的表现。

如果说在日常生活中保持善意是一种最基本的修为，那么时刻对自己的情绪保持着觉察便是最智慧的行为。能够注意到自己内心生起愤怒情绪的人，才有可能控制住愤怒。而控制愤怒靠的绝不是压制，先想想与自己利益相关的事，往往能够较快地平息下愤怒；待怒火平息、内心平静后，再去解决事情、处理争端。

当然，上面说的只不过是个权宜之策。真正能够预防负面情绪爆发的最好办法，就是在平常修习禅定。简单的静坐，或者让自己慢下来，这些都不失为制衡情绪、平衡身心的简便易操作的方法。

【静心禅语】

对情绪保持足够的观察，

才能够防止负面情绪带来的灾难。

不要做自己心念的囚徒，

而要时刻检视内心。

当我们能够控制住心念，

我们才算是对自己的人生负责。

心灵的力量，在于"无我"

一位老禅师曾说过一句禅意颇深的话："既无心，也无佛，也无一物。"而一个人的内心之所以能够充满力量，那是因为"无我"。

见过大海的朋友都知道，海平面极少是平静的，那些起伏汹涌的波涛总是一个浪头生起，一个浪头又灭下，此起彼伏，永无停息。这些不停涌起又落下、不停在变化的波涛，就好比我们的人生，起起伏伏，从来就不曾保持着同一个姿态。

这波涛汹涌的景象就是在向我们示现着诸行无常的道理啊。仔细想想，从小到大，哪一段关系不是在变化着，哪一件事物不是在变化中才有了发展和转机。当我们再深入地观察就会发现，世间诸多事物中，根本就没有一个恒常不变的"我"。但我们最为愚痴的就是，总是以为自己的肉身存在，所以就把这个当成了自己的"本来面目"，而我们最为真实的心性，却根本不被自己所重视。

116

因为对自我有了执着，心头的挂碍便乱而杂多。一个人，如果他整日想到的只是自己，那么内心那纷纷攘攘的念头必然是生起又落下，就好比海面一般，很难有平静的时候。而人体的能量，正是被各种生起又落下的念头所消耗。

　　一位和我家相熟十多年的阿姨，在前不久我再次见到她时，被她的容貌深深地震撼到了：阿姨才五十来岁，却满脸布满了仇恨。但我记忆中的她并不是这样的。原来这些年来阿姨的日子过得并不好，她脾气大，经常因为一点儿小事就与人争执，并且常带着嗔恨之心看待他人。

　　俗话说："相由心生。"这就是为何有些女性即便不再年轻，五官也不很精致，但她却给人一种欢喜亲近的感觉。而这样的女性，生命活力也非常旺盛。那些上了年纪却依然美丽优雅的女性，她们往往不仅特别热爱生活，而且性情也多平和，有不少人还经常参加公益活动。

　　在这些女性的心中，虽然想的是"我要如何经营好自己的生活"，但却因为善意和正念伴随左右，因而很少被负面情绪和负面思考所干扰。当一个女性，她能够在热爱生活、热爱自己的同时又弱化对自我感受的执着，并且心怀善意地看待众生，那么她的内心便充满着力量，她将以一种优雅的姿态美丽到老。

【静心禅语】

幸福的人生需要做减法，

减掉对自我的执着。

减掉对他人的嗔恨，

减少负面情绪和负面思考。

真正的爱自己，需要做到"无我"，

需要用正向思考来看待人生。

做一个智慧又温暖的女人

林清玄在《生命的化妆》中说，女人化妆可分为三重境界，而最高的境界便是通过化妆改善自己的气质，修养、内涵、才学、智慧等从来都是与气质挂钩的，也是一个女人个人魅力的体现。

记得在多年前，有个非常苦恼的网友在社交平台上发帖提问：做个有钱的女人最幸福，还是做美丽的女人最幸福？做有才华有能力的女人最幸福，还是做一个嫁得好丈夫的女人最幸福？

网友们各抒己见，更有人说，这几样本来就不矛盾啊，世上并不缺少有能力有财富有美貌的女人，正是因为她很优秀，所以才找了一个好丈夫。

可是，这样的女人毕竟是极少数。

但是，什么都有，就一定幸福吗？人生并不是占有得越多就越幸福啊。倒不如，做一个智慧且温暖的女人，这样最好，也最幸福。

有了智慧，不论我们相貌如何，工作如何，我们都能正确地看待自己，并且与这个不完美的自己和解；而内心温暖，则必然是充满了善意，即便一个女人能力有限，但她心底的善良和温暖，也足以让她得遇良人，过着踏实而幸福的生活。

《心经》里说："心无挂碍，无挂碍故，无有恐怖，远离颠倒梦想。"需要我们注意的是，不仅不能让欲望、烦恼、缺憾、负面情绪等成为心头的挂碍，也不能让善意、喜悦、快乐、幸福等变成生命中的障碍。

不论是快乐还是痛苦，我们也都只是在经历而已。就像一场戏、一场梦那样，我们只要经历就好。带有负面能量的感受需要我们放下，而那些正向能量的感受也是如此。唯有经历过，再放下，生命才不会止步不前，内心的智慧与温暖才能与日俱增。

【静心禅语】

生命无非是一场戏，

最重要的是体验当下，在当下而活。

不执迷、不贪求，放下生命中的缺憾，

让心性的智慧和光明常驻，

在日常生活里自在无碍地穿行。

不希求无限制地占有，

也就不会无限度地烦恼下去。

不要被负能量消耗了生命

美国作家、哲学家亨利·戴维·梭罗曾经说过："不论你的生活如何卑微，你都要敢于面对它而不是逃避它，更不要用恶言恶语来咒骂它。它不是你所想的那样糟糕。你最富有时，反而看起来一无所有。喜欢吹毛求疵的人即便身在天堂也能找出缺点。夕阳反射在济贫院的窗子上，就像照射在富人家的窗前一样光亮，在那门前，积雪在早春里消融。"

反观我们身边的一些女性朋友，稍有不如意便是一副怨气满满的表情。我曾经问过一位特别喜欢抱怨的女士："您为什么每天都是一副特别憎恶生活的样子？是生活里有什么难处吗？"

这位穿着打扮非常入时的女士说："生活里倒没什么难处，就是每天都在想，如何消除自己生命中的痛苦。你们不知道，我过得特别痛苦，想要的都没有，有了的可能已经不是自己想要的了。我生命里的不如意这么多，所以我非常怨恨自己的生活。"同时，这位女士也表明了她内心的不解：为什么有些人看起来没什么钱，却每天都过得很舒服，心里似乎也不曾装着烦恼。

首先我们来看看，生命中的痛苦和烦恼都具有什么意义。如果没有它们，我们就不会对生命有所思考，而不曾有所思考，生命便无法成长。如果痛苦并没有教会我们用正确的知见面对生命，那么痛苦便是毫无价值的。

为什么要消灭痛苦呢？不论是因为疾病伤痛等带来的身体痛苦，还是因为欲求不满、缺憾长存而造成的内心痛苦，每一种苦，都是从自心生起，同时也能够通过自己的觉悟而从自心消除。只是，内心的欲求如大海波涛一般起伏不断，所以痛苦的感受也很难永远彻底地消除。但只要痛苦存在着，我们就会催促自己对生命进行反思：为何自己活得不快乐？为何自己的火气大、烦恼多？能够进行反思，才能有更深层的觉悟。

毕竟，觉悟并不是一蹴而就的事情，它需要一个过程。真正有意义、有价值的人生，并不是什么都拥有，也不是每天都过得很幸福，而是它能够在烦恼和痛苦中不断地进化。不论在物质层面上是贫穷或富有，也不论在心灵感受上是遭遇的痛苦或快乐，生活中的任何一个组成部分，都需要我们

去经历体验，它们就像老师一样，总是要教会我们一些什么的。我们如果这样去想，也就不会咒骂生活、抱怨人生了。

不在负面思考中迷失了人生前进的方向，也不要被负能量消耗着自己的生命。要做到这点并不难，难的是，我们对自己的经历和感受缺少反思。

【静心禅语】

我们所谓的不快乐，

并不是我们拥有的少，

而是我们想占有的太多。

痛苦无法永远地消除，

是因为内心的贪嗔痴无所不在。

要想不被负面能量消耗生命，

就应该用正知正见来面对烦恼和苦难。

生活篇

第九课

女人，请随时校正自己

　　所谓"校正自己"，就是要时刻省察自己的心念。很多个发怒的时刻里，我们其实是可以提前有所觉察的。能够觉察到这些愤怒的心念，也就能找到对治火气的办法了。最怕的就是，一味地由着自己的性子来。你以为那是"任性"，其实是害人害己。

切记，不要在人生的路上偏离

　　我们的生活呈现出怎样的样貌，取决于我们内心的状态。比如吃着同样的饭菜，有的人吃着就觉得内心舒适，"嗯，很不错，有热乎饭菜，我生活得很好了"；但有的人却在想"这是什么鬼东西，又不精致又没滋味，唉，生活可真痛苦啊"。

　　其实，这两种心态倒不能简单地归结为前者对而后者错。但很明显的是，前面一种心态是对生活感恩的态度，而后面一种心态则有可能带领我们的人生向着两个方向前进：要么是不满足于现状却通过自己的努力改变生活境况；要么是无论生活得多好，都觉得生活亏待了自己，用吹毛求疵的心态来看待生活，于是就会在人生的道路上有所偏离。

　　这种偏离，说的就是心态、感受、思想、念头向着负面越来越深地发展，如果我们不注意，就会把生命拖进更为痛苦的境地。有个老同学，她原本生活水平还不错，但就是负面情绪太强大了，常因为一点儿小事就生气，说话咄咄逼人，还把自己的这种做派称为"真性情"。有人问她，为什么总生气？她说："那是因为全世界都和我对着干！"

如是几次之后，再没有谁会在她生气时劝说她了，而她的生活境况也一日不如一日。她无法内观自己的心，发现自己的缺点并对负面情绪进行管理，所以也就很难校正自己的人生方向，这就使自己的生活在负面感受的牵引下向着更为糟糕的境地越走越远。

希阿荣博堪布说过："是个人的感受，决定了我们处于怎样的世界中。"当我们认为全世界都和自己对着干时，必然是因为自己的感受和情绪出现了偏差，必然应该先去审视自己的心念并调整好身处矛盾时的心态，而不是稍有不满就开始怨恨、咒骂。

只要我们时常把握自己的内心，将生命调整到自觉的状态中，就不会轻易被过分的欲念和外境的变动所干扰，也就不会在人生的道路上有所偏离。当我们的心不执着于内、不染污于外，便做到了禅宗中所谓的"自在无碍"。在这样的状态中，别说生气了，恐怕诸如焦虑、困惑等烦恼都不会轻易生起。

【静心禅语】

人生中的每个当下都需要觉察，

觉察我们的心念和感受。

因为每个人都是活在自己的感受中，

是情绪和感受以及心念，

决定了我们的人生向着什么方向行进。

带着正确的心念，人生之路才不会跑偏。

智慧的女人，总是亲切自然

在生活中经常能接触到一些相貌漂亮又很能干的女性朋友。长得美，又有才能，这原本都是让人喜欢的特质，可一旦此人脾气暴、性子急，说话咄咄逼人，那就令他人觉得有些难以接受了。

尽管在谈判桌上有些"不容侵犯"的劲头总是好的，可在生活中，我们还是做一个亲切随和的女人比较好。因为生活中的一点儿小事就生气，这怎么看都不是智慧型美女应该犯的错误啊。

当然，要亲切随和又自然地面对生活中的各种关系，并不是什么容易的事情。由于与他人有了关系往来，就会因执着的心念而陷入关系网络中，并且还会因为自己的执念而产生各种情绪。有了起伏变动的情绪，我们的心就很难再平静了，心不平静，说什么亲切随和那都不可能。

我们对人对事的态度受着自己的情绪和心念的影响，同时，我们与其他人事物的关系也会影响着自己的情绪和心

念。看起来很复杂是吧？但是从《心经》的角度来看，就容易多了。《心经》讲的是般若智慧。提倡人们从"因缘无自性"的角度去看宇宙和人生的诸多事物以及诸种问题。《心经》的般若智慧告诉女人：看得见的以及看不见的一切，都是因缘而起，都是虚幻不实的。所以，不该对种种事物和关系产生任何执着的念头。

即便自己真的是"女强人"，也没有必要执着于此。有才华、有能力，这本来应该成为在现实人生中收获幸福的一种素质。但假如我们只是执着于自己的能力和才华，很可能就会看不到生命中的其他事物，造成生命视野变得狭小。所以，智慧的女人倒不一定是完全不生起丝毫执着的（从究竟的意义上来讲，很少有人能够做到这个程度），而是当执着生起时，自己能够觉察、敢于面对，并且勇于破除执着的心念。

亲切自然、平和待人的女性会给人们一种如沐春风的感觉，而且这样的女性也绝少有生气的时候。好性格虽然不一定是天生的，但我们每个人都可以有调整自己情绪的能力。在认识到人生中并没有什么值得执着的事物之后，还有谁会把自己投进不快乐的人际关系或者某个名相的罗网之中呢？

有时候，我们只需要把自己的关注点从眼下的事物和关系中偏移开来，就有可能扩大自己的生命视野，也就真的能够保持平和亲切的心态了。

【静心禅语】

若能理解般若性空的道理，

世间的一切又怎么会苦苦地执着。

正是因为对一切都不执着，

内心自然不会生起恐怖和烦忧。

当内心祥和又清净，

言行便平和亲切，人人乐于亲近。

删除痛苦的过往，才能更好地出发

《大宝积经》里有这么一段经文："心如河流，生灭不住。心如灯光，因缘所起。心如闪电，刹那不住。"这与《心经》中所说的"五蕴皆空"是一个意思。受、想、行、识在刹那之间都在变化着，即生即灭，就好比那光焰和流水一般。从这个角度来说，五蕴皆空，是不难理解的。空，即为无住，不黏着。

《心经》是在用精简的语言告诉我们这样一个真理：人生没有那么多的"放不下"和"舍不得"。只有删除掉过去，我们才能轻装前进，在人生路上更好地出发。

山下英子女士在《断舍离》一书中谈到了一个实例，就特别有代表性。书中说有一位女士常年和丈夫不睦，两人之间矛盾不断，她过得很不开心却没有勇气离婚。她总是执着于那些"已经回不去的幸福时光"，沉溺在自怨自艾之中。当某一天，她开始整理自己的卧室，着手处理无用的物品，才终于接受了必须和丈夫离婚的这个事实。要从执着的心念中脱离出来，那真不是件容易的事情，即便我们都明白只有删除过往，让过去真的成为过去，才能轻装上路的道理，可情感上还是表现出依恋和不舍。

可是，这种依恋和不舍，都是因为我们从执着中出离时对未来抱有的惶恐。但真正从不愉快的关系里脱离出来的女性都知道，所谓的痛苦其实只是一段时间而已。痛过了之后是什么呢？是轻松和畅快。因为我们结束掉了一段已经死亡的关系，开启了下一段给自己的生命带来生机和活力的新的关系。

所以，怕什么呢？智慧的女人不着急、不焦虑，更不应该因为一段不愉快的关系而让自己独自生气。

【静心禅语】

当一段关系已经僵死，

就要用勇气从过去中脱离。

不要让心停留在过去。

在这一生中，我们总要不断地删除。

清空以往，才能让生命得以重启。

不断地校正自己，随时地丰盈起来

一个行人路过江边时，看到一个船夫把停靠在沙滩上的船只推向江里，船上坐着一位老人，不远处走来一个禅僧。他向禅僧问道："船夫把船推进江里，把沙滩上的蟹、螺压死了许多。这是船夫的过失，还是乘客的错误呢？"禅僧说："他们都没有过失，错的人是你。"在我们的生活中是不是也有这样的人，专门留意其他人的不是，不仅非常留意，而且还把别人的过失当作了自己的困扰。这是不是很愚蠢的行为？

我们的时间看似很多，实际上真正供我们支配的还是很少。吃饭睡觉时，我们不太可能同时去忙其他的事，而且每个人都要工作、学习、社交，那么我们能够用来检视内心、反观自我的时间真的没有多少了。当我们不再内观自己，不再打开心灵，让智慧的泉水涌入，我们的生命之花就会枯萎，我们的生活就会变成一潭死水。

只有随时地校正自己，检视自己的心念，生命才有可能

134

丰盈起来。校正自己，就是要看到内心对事物的执念，只有除去了心的执着，生命中才不会再有任何系缚。不过，虽然从理论上讲，这个道理说得通，可从实际情况来看，整个人生就是在不断地检视到执念，再破除执念的过程中实现成长的。

其实，校正自己，破除执念的这个过程，就像是对人生进行的"断舍离"的修行一般。我们总是要先检视内心，断绝负面的心念，舍掉多余的想法，然后再从种种执念中脱离出来，这样生命才能不断地轻盈，并且充实起来，而不是像过去那样，内心被各种执念和思虑拥堵起来，苦不堪言。

因此，还是多花些时间去校正自己的内心、检视自己的心念吧。如果一定要把时间花在别人身上，那么只有一种可能，那就是帮助他人。

【静心禅语】

给自己一个检视内心的机会，

看清内心的贪嗔痴，

看清心念中的种种欲望，

看清自己生命中犯的过错，

唯有检视自心，生命才能净化。

爱人之前，先爱自己

看到这个标题，可能很多人会觉得，难道爱众生不比爱自己更好吗？但我们自己，也是众生中的一员啊。更何况，这里说的"爱自己"，与我们平时所想的"爱自己"，是有根本不同的。

很多女性想的爱自己，无非就是对自己好点儿，让自己的生活过得舒心点儿，适当地任性，能够做自己喜欢的工作，去见自己喜欢的人，在最好的年华里不亏待自己，当青春过去后不亏欠生命。

抱持着这样的想法自然也无可厚非。但是，爱自己也分为几个阶段。仅仅是满足自己的吃喝欲望，这只是"爱自己"的初级段位，真正智慧的女人，应该追求更高阶段的"好好爱自己"。

首先，要接纳自己的不完美，同时也要接纳他人的不完美。正是因为你我众生，每一个人，都存在着种种缺憾，所以我们不要苛责自己，更不要苛求别人。而这正是爱人爱己的基础。有了这样的知见，才能够对人对己都宽容。

其次，不要做一个对生活吹毛求疵的烦恼者，而要看到生命的缺憾，并乐于接纳这些缺憾。只有接纳了缺憾，才有成长的可能。这就好比，我们身体上不舒服，只有先承认病痛，才能有治愈病痛的可能。我们的生活也是如此。看见了生活中的不如意，要么不断改进自身，要么坦然接纳，不论前者还是后者，都比无休止的抱怨嗔恨要智慧得多。

最后，爱自己，就不要给自己生闷气、发脾气的机会。真正爱自己的女人，怎么会伤害自己？若是因为火气太大而生了病，那么容貌上必然与美丽无缘。你以为女人爱自己就是拼命给自己买名贵化妆品吗？要养容，先养心；要养心，先断火气。

当我们开始学着与生活和解、与自己和解，学着放过自己，我们就会领悟到，把有限的生命投入到无限的欲望追求当中确实是一件很愚痴的事情，进而我们又观察到，因为欲求不满而怒火丛生，这更是愚蠢的行为。还有什么比安安静静地享受生活，并珍惜眼下所拥有的一切更舒坦、更幸福的呢？

【静心禅语】

爱自己，不是要我们自私自利，

而是不论经历多少困厄，

都能相信生命中光明多过阴影。

爱自己，是在看到自己和众生的缺憾之后，

依然对自己和众生，生起慈悲情怀。

不要让精神垃圾堵塞了心灵，

生命也就将因此而愈加清澈。

简单的，才是美好的

生活何必复杂，简单一些，反而能活得更潇洒。有些愤怒，原本就是因为自己想得太多；有些火气，从来就是应该反思自己是否计较过多。且看那内心清简的女人，她们的姿态才是最美好的，因为没有怒火，那生命姿态才会轻盈而优雅。

心灵简单些，火气就能少一些

世界上聪明的人很多，但聪明也就意味着想法很多，内心世界比较复杂，相应地，人就比较容易累，更容易生出火气来。

某位朋友 H 女士去餐厅吃饭，在点了饭菜之后却迟迟不见服务员把饭菜送来。H 女士平时就容易多心，她在憋了满肚子的火气后认为这家餐厅待客不周，便拎着提包怒冲冲地就走掉了。她确实很着急，因为下午要赶火车，哪有时间在这里耗着？但后来了解到，服务员迟迟没有端上饭菜也算事出有因。

H 女士爱较真儿，再小的事情，她也会在心里无限地扩大。于是，最近她只要是和朋友碰了面，就会提到这件不开心的事情，一边说还要一边问"是不是因为我穿得太一般，才让别人看不起，所以饭菜就一直没端上来，这个餐厅可真势利眼啊"。最后身边的朋友都被她给问烦了，她又开始多心："一定是自己平时得罪了谁，现在都没人搭理自己了。"

H 女士越是这样想，心里就越是憋闷，脸色就越难看，遇到谁都是一副很生气的样子，大家便只能躲着她。

其实，生活中的不愉快又岂止是这一件？如果每次遇到不快，我们都陷入自编自导的虐心大戏里，那生活岂不是变成了"自虐大舞台"？所以说，做一个内心简单些的女人，并没有什么不好。内心简单并不等同于幼稚、不成熟。反而越是成熟、有思想、有智慧的女性，越不会轻易动怒，更不会把小事想得那么复杂，给自己添堵。

【静心禅语】

内心越简单，生活越丰盛。

有时候人生并不复杂，

而是我们的想法太多。

当内心的杂念不断膨胀下去，

生命就会处于煎熬的境地。

当我们想得越多，火气也就越大。

人生原本就该咸淡皆有滋味，

何必用执念作绳索，捆绑了自心。

生活有多幸福，取决于内心有多淳朴

大珠慧海禅师在《顿悟入道要门论》中说："无念即是在一切情形下都无心的意思。也就是说，不受外境所限，不要有任何情识眷恋。面对一切客观外境，却完全摆脱一切激动，这就是无念。"

在这纷繁复杂的外境中，无念之所以能够成立，是因为这世界的本质不过是一种空性。看似复杂的人际关系，说到底，不过是因为各种原因才把人们联系起来，一旦这些条件和原因出现变动，人际关系也随之变化。看起来很复杂，实际上也是一种空性。

但世上总有一些女性，她们即便身处于复杂的关系里，面对着生活中的种种变化，依然给人一种"啊，她生活得好幸福啊，好像没有任何缘由地就能生活得很快乐"的印象。因为这些女性的内心足够清澈、简单、纯净，她们不会想那么多，也绝少与人攀比。她们的生命状态让人不得不相信，生活幸福与占有物质之间虽然有联系，但并不意味着幸福就绝对要被物质捆绑。

就像身心灵作家张德芬女士说的那样，"想幸福，先放下对幸福的执念"。内心的执念一多，就可能满心里想的全是那些自己渴望得到却无法得到的事物，然后就会产生失落、懊恼、愤恨等负面情绪。

而像那些虽然对生活抱有愿景和期待，但却并没有用愿景和期待束缚了自心的女性，她们往往是活得最快乐的那类人。可能在她们看来，幸福就是简单随性地生活，至于内心的愿景和期待，那便是实现了好，没有实现也很好。

或许正是这个简单的想法，成全了这些心性淳朴的女性，使她们拥有真实可见的幸福生活吧。

【静心禅语】

我们可以对未来抱有期待，

但切不可执着于期待，

而把自己关入心灵的牢笼。

淳朴的心性在于，对待生命里的一切，

都怀着善意，而不是执着于幸福，

最终让心灵陷入愤恨之中。

一切无非是因缘聚合

在我们的生命中，有多少人来来去去，有多少关系聚聚散散，有多少事情看似到了绝路却又峰回路转。这些说明什么呢？说明人生中没有一成不变的事物、关系和存在。一切无非是因缘聚合。从这个角度来看，世间万物并没有什么是真正属于我们的，世间万物只是供我们使用。

生活保有适度的欲望和追求是人类的正当需要。但现代社会却是有越来越多的人不加限制地追求享受、放纵欲望。

对欲望的执着，必然会造成生命的缺憾，因为我们不可能填补上欲望的黑洞。之前就看到一位妙龄少女，因为自己想买的东西太多，所以每天都拼命地工作、加班、做兼职。其实，女人爱美爱打扮并不是什么过错，但我们只要选择适合自己的就好。囤积了过多的物质，就意味着在大量浪费。不信就打开自己的衣柜看看，有多少衣服是因为商家打折扣而自己又禁不住诱惑才买回来的，然而买回来之后可能一次都没有穿过，仅仅就是因为"衣服很美很便宜"，但买回家后才发现，这衣服根本不适合自己。

还有自己拼了命也要追到手的心爱的人。爱一个人，本身无错，但如果看不清情感的发生、发展和变化这背后乃是内因外缘在起着作用。因为爱得太执着，我们也就看不清真正主导着自己情绪的并不是对方，而是自己的心。直到某一天，我们真的愿意从一个"局外人"的角度来看待这段情感关系，我们就会发现这个人或许并不是真正适合自己的。

因为执着，我们看不到因缘聚合才是生命的常态，于是我们把人生变成了堆积着恐惧、焦灼、愤怒、嗔恨等负面情绪、负面思想的垃圾场。

"人生是艺术，而且必须完全像艺术那样忘掉自己、失去自己。那里应该没有一点儿人为的努力的痕迹。禅的生活是像鸟在空中飞，鱼在水中游那样自由自在的生活。禅希望得到生命本来的自由，或者说，禅希望的是内在的生活。这是不依赖于任何律法去创造其自由的生活。"铃木大拙在《禅者的思索》一书中如是说过。然而对于我们来说，真正要过上这种没有怨恨、没有烦恼、没有怒火的禅者一般的生活，那真是需要在看清欲望之后才能做到的。

【静心禅语】

当内心充实起来时，

人就不会被欲望牵引着行进。

当我们开始审视自己的生活，

或许就是放下执着的那一刻。

给生命一份淡泊和清凉

生命需要自我认知、自我发现。但在很多时候，我们都是缺少这种认知和发现的。因为我们总是容易沉陷在自我偏执的心念里，堕入嗔恨的陷阱里。

古时候有位无德禅师，向来以慈悲智慧、善于教化而著称。有个年轻禅僧向他请教："人人都有一颗心，为何有的人心量大，有的人心量小？心量大的人，能包容一切，即便对面站着的是自己的仇人；心量小的人，整天斤斤计较，哪怕是面对亲人也没有丝毫感情。敢问禅师，这是什么原因呢？"

无德禅师没有立刻回答他的问题，而是要求这个学僧，要他把眼睛闭起来，用自己的心去建起一座楼阁。

学僧便听从禅师的话，在脑海中勾勒出一座楼阁来。

无德禅师点点头又说："现在用你的心去造出一根头发出来。"学僧遵照他的吩咐，在脑海中又勾勒出一根发丝。

无德禅师问："不论是建造楼阁，还是构造发丝，是否都是在用自己的那颗心？"学僧点头称是，但他却很困惑。

"人们的心量确实能大能小，而且都是跟随自己的意愿而发生改变的。刚才你的问题，倒不用我来解答，你只需问问自己，既然你能够掌控心量的大小，你说这种心灵的自主自由，是不是全在自己的控制之下？既然自己能够控制，那么亲人或仇人，也就没什么分别了吧。"

当我们感觉自己的内心被怒火充塞时，可以想想这个故事。它告诉我们，自己的心量是可以由自己控制的，所以，这个世界上不存在让自己烦恼的人和事，也没有什么能激起自己的怒火。任何愤怒的情绪都是自己点燃的，自己的痛苦，和别人又有什么关系呢？

生命需要一份淡泊和清凉，首当其冲就是应该时常省察自己的内心，扩充自己的心量。当心量大到能够接纳众生时，我们便是世间最自在快乐的人。

【静心禅语】

把心量打开，将众生容纳进来。

世间没有接纳不了的事，

只有打不开心量的人。

148

让生命中多几分淡泊和清凉，

做一个不爱生气的智慧女人，

当内心静美，才能体会到人生真正的滋味。

人生苦乐的关键，你可曾想过

人生的苦乐感受，无处不在。只要看看我们身边，有那么多熟悉的人因为一点儿小事就被别人激怒，或者遇到一些麻烦就情绪失控、口出怒言。这都是苦的表现。更说不准，我们自己就经常这个样子呢。

那么人生苦乐的关键，果真是掌握在别人手里吗？

其实，不论别人说了什么、做了什么，也不论我们面对着怎样的境况，只要做到了"不动心"，基本上就可以把大多数愤怒和烦恼屏蔽在自己的生活之外了。

《心经》里讲道："是故空中无色，无受想行识；无眼、耳、鼻、舌、身、意，无色、声、香、味、触、法。"如果我们在观察生活中的各种关系、存在、现象时，能放下自己的偏见和情绪，深深地去体会世间诸法的"空性"，就会发现，诸法既然无生，也就无灭，而那些因为世间诸法生出来的苦乐感受也就没有了其存在的基础。

如是去想，我们心中的种种苦乐觉受便会自然而然地渐

150

渐消歇。可见，人生苦乐的关键，并不掌握在其他人手中，与外部环境也没有绝对的关系。产生苦乐感受的是我们面对事物时的心念，而心念又是因为我们接触到了外界之后才生起的。那么这些事物，就真的是一成不变的吗？既然不是，那就更没有必要为了这虚幻多变的事物而给自己徒增烦恼了。

我们的心需要安静平定下来，只有在这样的情况下，我们才能清楚分明地看到自己的念头，然后才能谈得上对治烦恼。但遗憾的是，我们的心思都用在了世俗生活上。并不是说，世俗生活就一定不好，也不是否认享受生活的乐趣，而是我们应当给自己留出内观心念的时间。只有先解决好内心的问题，世俗方面的问题才能随之得以解决。

社会节奏越是快速，我们就越是需要真正的平常心境界。学着让自己的内心独立于物喜物悲，不要因为外境的变化而迷失了自我，最重要的是要对自己有着明白的体认：不论别人以何种态度对待自己，我们都不要被其干扰，而应当保持着内心的平和宁静。

【静心禅语】

人生的苦乐觉受，

151

无不是从心念中生起。

当我们时常观察自己的心念，

就能发现其中的偏颇之处。

给自己观察内心的时间越多，

心态就越是平和，烦恼也就越少。

重新生活，从心的改变开始

在佛门中有句话颇具哲理：难舍能舍，自有福报。初次听到，会觉得这是一种阿Q似的自我安慰。但什么才是"舍"呢？舍的另一个含义是奉献，是成全，是接纳，是从心开始发生的改变。而心的改变，带来的则是生活的改变。

你可以决定得失，决定悲喜

在生活中，我们经常能听到"随缘"二字。比如，每当有人问起自己"怎么还没找到合适的对象呢？感情生活还没有着落吗？"我们通常都会用一句"一切随缘，不做强求"来回应。再比如，面对着自己一直中意却无法得到的职位，或者根本买不起的某件物品，或者终究无法实现的心愿，我们往往也是用一句"随缘"来安慰自己。

所谓的"随缘"，那是要我们随顺着种种内因外缘而对自己的想法、生活等做出相应的改变。并不是要我们不做努力，而是摸清了实际状况再谈努力，这样才能有的放矢，而不会如同无头苍蝇一般到处乱撞。

从这个角度来看，其实我们是可以决定自己的悲喜感受和世间得失的。从个人的感受和生命体验来说，种种感受无非是因为我们过于执着外境才会生起。就好比有人对我们的生活妄加议论，心量大的女人往往不会因此恼火；而心量小的女人，却因此而暴跳如雷。同样的事情，在不同的人身上

154

却出现了不同的反应。这恰好说明，并不是事情激怒了我们，而是我们对于事情的执着给自己带来了愤怒。

从宇宙的能量平衡来说。凡是有所得者，必然有所失。不信且看我们的生活中，并没有谁能什么都拥有。容貌出众的人可能在其他方面有所欠缺；而能力卓越的人也不一定诸事都能顺利。因此，不要只是看到眼前的失去，就对整个人生都报以否定的态度；也不要因为得到的比别人略多些就扬扬自得。永远对人对物怀有珍惜感恩之心，无论是得是失便都能从容面对。

这世间的荣辱、毁誉、苦乐与得失究竟能对自己造成何种影响、影响到什么程度，全看我们自己能否保持随缘的心。

【静心禅语】

做一个不计较、不生气、不焦虑的女人，

像清晨开放的鲜花，用灵魂散发的香气，

去点缀这世间的美好。

唯有从得失悲喜之中脱离出来，

生命的本真姿态，才得以洞见。

不要给生活里的不如意找借口

　　没有缺憾的生命，是不真实的。有缺憾没关系，生活里有诸多不如意，这本身也没问题。可问题是，我们总喜欢把生活里的不如意推给别人来承担责任。自己心头有火气了，就说是别人惹到了自己；自己一心执迷于某位异性却又得不到对方的回应，就说是对方无情，害得自己承受痛苦。实际上，在大多数时候，我们并不是在和其他人相处，而是和自己相处。并不是放不下别人，而是放不下自己心头的那些执念而已。

　　有一个脾气非常火爆的姑娘，她挂在嘴边最多的就是自己生活中的不如意，并且只要稍不如意，她就容易生气。她以为把自己的真实感受分享给别人，就能收获别人的同情、垂怜，收获真正的朋友。但时间长了她却发现，人人都想躲开她，就连曾经的旧相识也变得对她十分冷淡。

　　于是，这姑娘就陷入了越是抱怨、生气、愤怒就越是不如意的旋涡里。为了扭转这个生命困境，她又是吃素又是朝圣，只是那脾气秉性还是没改，逢人就抱怨的毛病似乎也进化到了一个更高层的段位。

生命的困境，不是不可以转变，而是要从内心的转变开始做起。不要给生活中的不如意找借口，也不要逢人就抱怨。别人未必比自己过得更好，但如果我们的内心多一些平和安乐，自然也就对生活中的不如意多一些抵抗力了。

不论是聚散还是得失，每一种经历都是一种滋味，而生命之所以诱人，就在于它充满着各种各样的滋味。每一种滋味，都不可缺少，不如意也是一种滋味，正因为生活中有了不如意，我们才能更加感恩那些顺遂自己心意的人事物。

【静心禅语】

人生这一世，既苦也甜。

不论幸福或悲哀，

不论遗憾或失望，

每种滋味，都是生命中不可或缺的。

何必因为生活中的不如意而愤怒，

做个不生气的女人，带着善意面对生活。

生命的成长，要从心灵的转变做起

某一天，灵隐寺来了个垂头丧气的年轻人，他眼中充满着悲观绝望，企求老方丈给自己指点人生迷津。

老方丈在耐心地听完这个年轻人的牢骚和抱怨之后，告诉他一个可以让生活变得轻松快乐的妙法。老方丈说："你去找一只蜗牛，然后跟着蜗牛散步，这只蜗牛走到哪里，你就跟到哪里。"

"嗯？这算是什么办法啊！"年轻人心中非常疑惑，但还是决定试一试。

他在回家的路上就想着去哪儿找只蜗牛来，可正想着，偏就遇到了一只。于是，这一路上，年轻人就跟随着蜗牛。蜗牛慢悠悠地爬，他就跟在蜗牛后面慢悠悠地走。

也不知走了多久，年轻人的脸上开始出现了微笑。他看着眼前的花花草草，觉得满眼皆是春色；他听着树林间的飞鸟鸣叫，感到浑身都充满了生机活力。

可是，为什么之前的自己却是另一种生命状态呢？

那是因为，他在生活中行进的脚步太快了，他的心灵里充斥了太多杂物，却并没有给自己缓步慢行、松绑心灵的机会。就像现代这个快餐社会里的大多数人，往往只是想着如何走得快些，却从来不给自己的生命留出成长的机会。

　　我们倒也不必像故事里的这个年轻人那样，找一只蜗牛跟着它走。要让生命不断地得到成长，就要给自己的心灵转变的机会。人生不需要活得那么着急，当自己适当地慢一些，内心的火气也就能消减一些。

　　只要我们把脚步放慢一点，就能发现生活中更多的美好。因为在放慢生活节奏的同时，等于是给了心灵喘息的时机。为什么那些急性子的人往往火气大，就是因为他们习惯了在忙碌中给自己增添压力，而压力的源头则在于自己。所以，消减火气之前，还是先放慢脚步，松绑心灵吧。

【静心禅语】

　　走漫长悠远的路，不必急于一时。

　　带着从容有情之心，才能活在当下。

　　人生的意义在烦恼中，也在快乐中。

　　给了心灵转变的机会，生命才能真正成长。

平和的心态胜过一切

古代有位白云守端禅师，他为了早日有所成就遂跟随方会禅师学习，虽然他很努力地在修学，可日子一天天地过去了，他却没有什么成就。

某天，方会禅师找到他问："你可曾听说过茶陵郁和尚？"

白云守端一听，便毕恭毕敬地答道："那正是家师。"

"哦？听说茶陵郁和尚在走路时不小心跌了一跤，从此后就大彻大悟，当时还说了一首偈子，你可记得？"

白云守端就诵念道："我有明珠一颗，久被尘劳封锁，今朝尘尽光生，照破山河万朵。"方会禅师听后什么也没说，笑呵呵地就走开了。白云守端却很纳闷，整天地琢磨自己是不是哪里说错了。过了三四天，他终于耐不住向方会禅师讨教。

方会禅师问道："马戏班的小丑在街市上耍猴，你看到过没有？"

白云守端回答："看到过。"

方会禅师接着说："小丑做出种种可笑的动作，是为了博人一笑，而你却怕别人笑，我这一笑你就不吃不喝不睡觉，你自己说说看，究竟是我让你活得痛苦，还是你自己让自己活得痛苦。"

没有平和的心态，没有对自己正确的认识，那真是很容易让人烦恼的。当我们对自己认识不清时，往往也会像白云守端那样，因为别人的言行而烦恼万千，无法做到心灵的自主自由。

作为女性，我们在意的事情实在太多，经常受外境变化的影响。我们因为别人的一句称赞就得意扬扬，但若是接下来面对他人的批评，我们就又会在瞬间感觉痛苦万分。一会儿是高兴，一会儿是生气，我们的感受时刻都在被别人左右。

但是，平和的心态从哪里来呢？只有对外境进行如实地观察，在纷纭变化的外境背后看到这些不过都是瞬息万变、没有自性的一种暂时现象，我们也就不会活得那般执着了。你会对着水中的月亮痴迷吗？你会对着镜子里的鲜花表达喜爱之情吗？其实，世间的一切存在和现象，与这镜花水月又有什么不同呢？

【静心禅语】

生活的意义就在于它让我们认识自己。

唯有认识到自心的执着与烦恼，

让心态变得平和才会成为可能。

女人要有一些勇气，去面对自己，

没有谁是天生的智者，

在生活中修一颗平和之心，才是正道。

人与人的距离，心与心的差距

不论是在工作上，还是在生活中，我们身边总不乏这样的人：因为别人的一些闲言碎语就怒火冲天并久久无法从怒火中走出来。

这些人总喜欢说自己"生来就是直性子，生来就是火气大，看不得一点儿不妥的地方"。用别人的过错来惩罚自己，还能说得如此理直气壮，这确实令人不可思议。

如同世间有黑就有白，有"生来火气就大的人"，自然也有内心平和安静、极少发脾气的人。人与人在脾气秉性上的这种距离，实际上反映出的是不同的人在心与心之间的差距，而这种差距，就表现在如何对待自己的烦恼习气上。

习气给我们的人生带来了多少负面影响呢？且去留意我们日常生活中生起的每一种烦恼，还有那数不清的坏情绪。尤其是习气重的人往往脾气也很大，经常因为自己心中的妄想和执着而给自己的生活造成诸多困扰。

但是，能够留意到自己的习气，也就能够从根本上解决

163

爱发脾气、爱生气的这个问题了。大家可以试一试。等下次再生气时，就问问自己：哪一个是惹恼了自己的人？哪件事让自己心头烦恼？这个人、这件事，他们永远都会存在于自己的生命之中吗？很显然，不是。那么就不必为这根本不会长久与自己发生关系的人与事而恼火了吧。

　　要在心上看到自己愤怒的源头，而不是每次生气时都把责任推给他人。事实上，即便果真是对方在言行上有过失，我们也没必要因此恼火。要知道，一个人如果总是惹人不快、招人厌烦，那么他也是很可怜的。如此去想，我们心中涌起的就不会是恼火和愤恨了。

【静心禅语】

　　观察内心，是一项日常功课，

　　任何的烦恼都可以通过观心来对治。

　　不要执着于自己的情绪和心念，

　　而是在它们起起落落的时候，

　　看到情绪与心念的生灭变化。

　　其实，世间诸法也正是如此，瞬息万变。

第十二课

心平气和，就是要
优雅地面对生活

做一个心平气和的女人，以智慧优雅的姿态面对生活。不论生活中是充满了风雨，还是铺满了彩虹，我们的内心都应该是明净透彻的。要相信人间总有温暖，要相信善意是一种强大的力量，要相信自己的心，相信美好的心念总会成真。

想明白是谁在惹你生气

昔日寒山问拾得和尚："如果世间有人谤我、欺我、辱我、笑我、轻我、贱我、骗我，我该如何对待此人呢？"拾得和尚说："忍他、让他、避他、由他、耐他、敬他、不要理他，再过几年你且看他。"

每当我在生活和工作中遇到烦心事时，就总会想起这段话。但惭愧得很，每次我都是在生气之后，觉得胸闷头疼，浑身上下都不舒服时才想起这个典故。可是因为刚刚生了气，身心的伤害已经造成了，既然最初没有控制好自己的情绪，那么就应该把生气对身心的伤害程度降到最低。

于是我开始反问自己：就在刚才，是谁在惹自己生气。

当我把愤怒的原因归结为他人时，我为自己的想法感到羞愧。因为对方不过是说了一句话，或者做出了某个行为，而这些言行只是短暂地存在于当时当地的那个时空里，而我却把因为这些言行而激发的情绪一直延续到事情过去很久之后。看来，错的不是别人而是自己，因为是自己允许这负面情绪给自己带来了种种痛苦的感受。

如此去想，其实并没有谁惹我们生气，而是自己跟自己过不去。

因此，每当与人再次发生摩擦或者遇到麻烦时，我便很难生气了。首先，生气是一种消耗身心能量的行为，并且对于解决问题毫无用处。其次，愤怒的种子就埋在心念里，虽说外境也会对它产生影响，可如果没有自己对愤怒情绪的放纵，又怎么会生起气来呢？

如果每天我们都抽出几分钟时间，去观察自己的心念和情绪，并且按照上述步骤来观照自己心中的怒气，只要坚持一段时间，你就会发现，心平气和的感觉真好，原来不生气并不是什么太难做到的事儿。

【静心禅语】

避免痛苦最有效的方法，

就是老老实实地看护自己的心念。

要看到心念中的美好，

也要看到心念中的丑恶。

要看到内心的光明清净，

也要看到贪嗔痴和烦恼。

女人，要早一点对自己的生活负责

有一个满心烦恼的人对无德禅师说："禅师，尽管我行善数年，但还是放不下一些事情，这让我感觉非常累，每天都不得安乐。"无德禅师没说什么，只是让他拿着一只茶杯，然后就开始往茶杯里面倒热水。那杯子很小，很快热水溢了出来，这个人被热水烫到了，马上就把手松开，就在茶杯落下的一刹那，他说自己似乎领悟到了什么。

后来，这个曾经满心烦恼的人变得特别快乐自在，再也不会轻易生气了。他对无德禅师表示感谢，可无德禅师却说："你得感谢自己，你现在的生活状态和我没有关系。并且，放下烦恼习气的人也是你自己，所以为什么要来感谢我呢？"

每个人的生活状态，确实与别人没有关系。但许多女性朋友却很容易犯一个错误，总是觉得自己的幸福应该由别人来负责。恋爱时，女孩子喜欢说："你要带给我幸福的生活。"结婚后又说："我想要过脚踏实地的生活。"当对方给不了我们想要的生活时，我们就会伤心乃至愤怒："这根本不是我所期待的生活。"

生活是自己的，为什么一定要让别人负责？每个人当下经历的生活，乃是根据每个人过去的生命经验不断积累而造成的。举例来说，特别爱生气的女人，往往在生活中感受到的都是痛苦烦闷；而一个内心平定、懂得感恩又常能生出喜悦的女人，她在生活中便会呈现出幸福快乐的姿态。心不同，对生活的感受就不同。而心是由自己把控的，所以，自己的生活理应由自己负责。

禅学大师铃木大拙曾说过："人类所有痛苦的源头就在于无知。我们试图冲破枷锁，但这枷锁又在哪里呢？它就在我们的内心中。如果要突破的话，那也应该是向内在去寻求啊，何必对着生活做出咒骂和抱怨呢？"

生活中的枷锁和困境，源头就在我们内心的不明白，这个不明白，就是无知，就是无明。所以，如果觉得自己的生活里充满了烦恼，那就内观自心，那烦恼就在心上，又何必要求别人帮我们熄灭烦恼之火呢？

【静心禅语】

一个智慧而自立的女人，

169

必然是对自己的生活负责的人。

当她陷入痛苦的境地时，

往往先内观自心，转变自心，

而不是抱怨生活，抱怨他人。

真正美好的女人应该这样做

　　古代有位金代禅师，他平生最爱兰花的高洁幽静，所以，在他的寺院庭里栽种了许许多多的兰花，在清修禅坐、讲经说法之余更是对这些兰花尽心照顾。寺院里的僧人都说，这些兰花可一定要照顾好，因为它们就像是金代禅师的生命一般。

　　某天，金代禅师要去某地拜访朋友，他吩咐一名弟子要好好照顾兰花，可这个弟子因为一时疏忽竟把兰花架碰倒了，可惜了那整架的兰花，一下子就都给毁了。这位弟子内心惶恐不安，只好等师父回来之后再去请罪。

　　金代禅师回到寺院之后，弟子主动认错，并甘愿领受师父的任何惩罚。但出人意料的是，金代禅师脸上没有一丝怒容，反而非常平和地说："我确实很喜爱兰花，但我却并不是为了要生气才种植它的。要知道，这世间的一切本来就处于经常性的变动之中，只有不执着于心爱的事物，也不执着于万物的变动，在难以割舍的时候做到能够割舍，如此才能活得自在平静啊!"

真正美好的女人，就应该是这个样子的：有自己的追求和想法，有自己真正喜爱的事物，因为她明白这些追求和事物能够让自己的生命鲜活起来，但同时，却也不执着其中，因为万事万物皆在变化之中，没有什么是不变的，所以也就没有什么是能够执着的。

如果每一位女性朋友都能这样去想，并且对生活抱以如此心态，那么不论是恋情失败，还是事业受阻，我们都不会陷入愤怒苦恼的境地中，因此也就不会做出咒骂、抱怨、生气等不够美好的举动。

当我们的身上深深地体现出能够吸引他人的美好品质和能量时，自然就会有美好的人和事聚集到我们身边。我们带着怎样的品质和能量，就会吸引来怎样的人和事。因此，如果想知道自己人生未来的际遇是否美好，那就要观察一下当下自己的内心是否足够美好。

【静心禅语】

让心灵保持着开放而觉醒的状态。

要发现到生活中的美好，

却并不执着于其中。

172

毕竟万事万物无非空性，

唯有不带执着地面对生活，

才不会被执着的心激起烦恼。

烦恼带来痛苦，也带来生命的改变

曼德拉说过："生命中最伟大的光辉不在于永不坠落，而是坠落后总能再度升起。我欣赏这种有弹性的生命状态，快乐地经历风雨，笑对人生。"

这就好比，生命中不可能从来不出现困境，内心中不可能从来不会生出烦恼，当困境出现、烦恼生起时，我们不应该惧怕或者逃避，因为烦恼能够带来痛苦，也能给生命带来转变。

我们看问题时如果太局限于事物的表象，就会导致我们感受到诸多的不自由。比如面对心头生出的烦恼，很多女性想的是：这种感觉太痛苦了，我的生命为什么要承担这许多的苦痛？这种痛苦我实在承受不了时，我该怎么办呢？经常这样想，就会一再地陷入无限循环的痛苦感受之中。但如果我们超越了痛苦的表象，丢弃掉那些非根本的东西，把自己那颗忙乱的心平定下来，我们就会触及到问题的核心，看到烦恼的真相，而不是在痛苦的感受中徒劳耗费生命的能量。

《心经》讲的是无我无相、般若性空的道理，但是如果我们只是了解了这种道理，这还不足以起到对治烦恼、转变自己生活的作用，我们还需要去感受、去体验。当烦恼出现时，就观想着它不过是暂时的现象，而且在它出现的时候就已经开始在转变，而转变的最终结果就是空无。如此观想，烦恼就真的只是存在那么短暂的一瞬，而不会对此后的生活造成持续性的影响。

真正的自在，并不是想要什么就能得到，也不是想做什么就能够做什么。而是当烦恼出现时，我们能够觉察到它并且做到自我解脱。

【静心禅语】

心灵上的负累，

有许多原本是与自己不相干的。

生起又落下的烦恼，

有许多原本是用来观修的。

五蕴组成的"我"原本是空，

既然如此，就无须再执着各种念头了吧。

不妨，每天都给自己一个新希望

俗话说："心如工画师，能画诸世间。"我们的思想意识，就好比一位了不起的画师，他在心灵的画布上涂抹着各种各样的情绪、感受和愿景，悲伤、喜悦、恐惧、痛苦、安宁……不同的情绪和感受投射到现实生活中，便为我们带来了截然不同的人生境遇。因此，懂得这个道理的女人在面对生活中的困境时，会自行调节自己的情绪，修正自己的心念，并善于维护心灵的正向意念。如此，人生的每一天都充满了新希望，有希望的人生，才是真正鲜活的人生。

但也有很多女性朋友在经历了一些挫折之后，感觉自己的人生没有希望。其实，怎么会有毫无希望的生活呢？所谓看不到希望，无非是因为我们给自己的生命设限而已。就好比同样是赛跑，有人在跌倒之后再次站起来，不论能够取得名次，至少都将冲到终点。而有些人则在摔倒之后，一心只记得身上的疼痛，并且因此就觉得自己无能，由此还会对人生、对自己充满了怒火。

没有不存在希望的人生，只有不肯从自己的执着中脱离出来的人。

唐代有位南泉禅师，他对李翱说："我在小玻璃瓶中养了一只小鹅，经过一段时间的喂养后，它渐渐长大并且没法通过瓶口跳出来了。现在，既不能打碎这个瓶子，也不想把鹅弄伤，我该怎么做，才能把鹅放出来呢？"李翱正在沉思时，南泉禅师大喊他的名字。李翱惊愕地回应了一声。南泉禅师说："看，这不就出来了吗。"

这个故事正是说明，在很多时候，我们把自己给绑缚起来，画地为限。这便是执着。而一旦我们从自己的固有思维中跳出来，那便也挣脱了身心的束缚，也就迎来了生命中的希望。

【静心禅语】

生活中的苦辣酸甜，

都是转变成智慧的养分。

让我们遇见更好的自己。

智慧的女人要学会给自己希望，

在绝望中看到光芒。

要熄灭内心的怒火，

而不是画地为牢，束缚自己。

不生气的女人

女人唯有修心，才能得到幸福

第十三课

你若无所求，你便无所不有

有人曾说："人的痛苦，根源在于欲望，如果消除了所有的欲望，人也就没有痛苦了。"但另一个人却说："人如果没有了欲望，就断绝了吃喝休息，如此岂不是违反自然大道？欲望并非都不好，但智慧的人却更懂得节制欲望，而不是过分放纵或彻底断绝。"

许多女人只是输给了"贪"

在唐朝，有个家境殷实却性情非常古怪的人名叫庞蕴。某天，他突然把家中的财物统统装进一条大船里，待划到江中心时，就把船砸沉，而他自己则乘着一条小舟划回岸上。岸边的人见了都说："这个人啊，简直是疯了，辛辛苦苦积攒的家财就这么没了。"

一位看热闹的老伯说："你家产这么丰厚，为何不去周济别人呢？一来，财富没有浪费；二来，这也是善事一桩啊。"

庞蕴则说："依我看，好事不如无事。"

人总是有着急功近利的一面。比如做好事，有时倒不是把别人的疾苦放在首位，而是想着如何让自己有所回报，希求有回报就成了他们做善事的动力。再比如，无限制地追求外物、放纵享受。再无法把精力放在自己的心上，而是不断地被外物所迷惑，并且对他人、对世界一再地所求。

就第一种情况来说，看起来做善事是在帮助别人，但由于带着贪执的心去行善，行善者的内心并不快乐，反而还有着很重的负累。而第二种情况，则是欲求无法满足的表现。

这两种情况在女性朋友身上并不鲜见，所以说，许多女人之所以感觉不到幸福，经常生气，被负面情绪影响，只是因为心头的"贪"。

《心经》中说："照见五蕴皆空。"其中的"照"是观察之意，"见"则是体验。从般若智慧来观察、体验，五蕴等一切诸法皆是自性空。所以，我们贪也好，执也罢，所贪所执的对象都是一种空相。由此可见，贪与执都是毫无结果的；由此观照，贪与执都是毫无意义的行为。

放下心头的贪执吧，更无须因为贪执的事物得不到而生气。有谁会对着一片虚空愤怒吗？那只能说明她真是太愚钝了。

【静心禅语】

贪执之心有多重，

因贪执而引起的愤怒就有多重。

要从愤怒之中脱离出来也不难，

试着去观察、体验内心的感受，

以及世间的一切存在，

任何烦恼，都经不起内心的觉照之力。

对他人率真些，对自己诚实些

当我们被别人惹得不高兴时，或者被别人侵害时，我们会产生怎样的念头呢？

我们想的可能是怎么去打击对方，怎么去让对方更加痛苦。如果真的这样想，我们得到的只能是更加深重的烦恼和痛苦。真正痛苦的是我们，而不是对方！因为不善的意念会加重我们心上的苦恼。我们越是想用一种恶毒的方法来实现给对方的报复，就越会让自己的生活不安。正如同无法用战争解决战争，也无法通过行恶来阻止恶行，用仇恨熄灭仇恨更算不上是什么好办法。

在很多时候，我们缺少的并不是聪明才智，而是一种正确的思维方式。正向的心念，才是对治一切烦恼、痛苦、恐惧、忧虑的良药。微笑永远比拳头更有力度，宽恕和包容永远比斤斤计较更能让人幸福！

当感觉到自己要发脾气时，不妨问问自己：这件事值得自己生气吗？这件事值得自己计较吗？真的是对方故意在伤害自己，还是因为自己多心了呢？

女人不妨带着一点率真的心态去看待人际矛盾。小孩子就不会想那么多，而成年人为什么因为一点儿事情就生出烦恼呢？那自然是因为我们习惯了带着自己固有的情感、观念、偏见去看待某些人与事。如果我们率真一些，而不是每天都胡思乱想，被愤怒消耗了能量，或许我们也就不至于整日都活得那么疲累了。

女人，除了要对他人抱有一些率真，还要对自己留有一些诚实。当愤怒生起时，我们应该如实地观察这种情绪，"如果我发脾气，就会伤害了他人，难道这真的是自己想要的结果吗？"这个问题，要问自己三遍，三遍之后，就会感觉到方才那即将爆发的怒火已经有了偃旗息鼓的趋势。

我们大多数的怒气都只是一时冲动，而并非真的要去伤害谁，我们只是被一时的情绪蒙蔽了内心。所以，对自己诚实些，克制住怒火不成问题。

【静心禅语】

不要任由怒火焚烧了自心，

不要因为一时的情绪，

而最终葬送掉平和的心境。

怀一颗率真诚实的心去面对生活，

那么我们将会发现，

生活是如此简单，而众生是如此美好。

得到了，就去珍惜吧

　　尽管《心经》主要是讲解般若性空的道理，但它也讲到了精神与物质的交互作用。比如，我们活在现实世界之中，尽管从般若性空的角度看，物质存在只是一种虚幻不实的现象，但我们依然需要食物的滋养、需要衣物避寒。适当地追求物质生活也在情理之中。只是如果我们无限度地追求物质而又得不到自己想要的东西时，就很容易生出愤怒和怨恨。从《心经》的智慧来看，并不是物质给我们带来了痛苦，让我们的内心充满了愤怒，而是我们自己把"正当合理的需求"与"无止无休的诱惑"混为了一谈。

　　这就如同我们要维持正常的生活就需要积累财富，当财富积累到一定的程度时，我们可以改善生活，让自己过得更舒服，这是无可厚非的。但如果我们把财富视作一切，就会跌进享乐的陷阱，又因为对于财富的执着而生出烦恼。实际上，并不是金钱不好，而是我们的价值观出现了偏差。

　　人能得到的总是有限，而心头蠢蠢欲动的念想总是生起

185

又落下，折腾得我们身累心更累。更有些女性朋友之所以痛苦，是因为对待已得到的不够珍惜，却总是因为那些没有得到的事物而生气。生气，也就是嗔恨心在作怪。当我们感觉到"自我"受到伤害、"自我"的心愿没有实现、"自我"想要的得不到时，就会出现这种情绪。

《心经》说：所谓的物质世界，无非是空性；所谓的"自我"，也是空性。当嗔恨心生起时，不妨用空性的见解淡化自我，观照自己的心念，而不要顺应着内心的这种惯性情绪。嗔恨心是被我们自己培养起来的，当我们不断地对其放纵时，它就会在我们的心中不断蔓延。

当我们总是想着自己得不到的东西时，实际上就是在放纵着自己的欲望、培养着自己的嗔恨心。所以，多想想自己已经拥有的，同时告诉自己"好好珍惜已经得到的事物"吧。别忘了，当我们抱怨自己得到的太少时，在这个世界上还有许多人根本什么都得不到。

【静心禅语】

当我们在生命的体验中觉醒时，

就会从内心的嗔恨和欲望中脱离出来。

可叹的是，我们总是放纵内心的欲望，

放纵自己的烦恼习气。

一旦对内心生起觉照，

再深重的嗔恨烦恼也能渐渐平息。

努力地活在当下

在当下努力地生活，就是要真切地拥抱现在的生活，而不是把心搁置在过去或未来，这才是真实地拥有人生。

很多时候，我们的心总是处于焦躁不安、恐惧颠倒之中，而当我们被人问起其中缘由时，我们往往会说"我担心未来如何"，或者是"我后悔过去怎样"，显而易见，我们的心并不在当下——并不在此时此刻此地的生活上。

有些人终日生活在对未来的担忧之中，他们说这是"未雨绸缪"；有些人整天在后悔往日的种种，他们把这叫作"事后反思"。可是，过去的事情已然过去，未来如何却又难以预知，无论你如何思量，也都不过是给灵明的心无端地绑上重负罢了。当我们想起未来或从前的许多事情时，总会生出怒火或悔恨，因为那些已成幻影的事情而扰乱当下的心境，这是多么愚蠢的行为啊。

因此，真实地活在当下的生活里，体悟生命流转不息、人生瞬息万变。许许多多个"当下"组成了生命的长河，而圆融自在的生命则是当下的延伸。这是禅的智慧，也是禅在生活中给予我们的指导。

当我们领悟到这个道理，我们的心也就能安定下来，不再胡思乱想；当我们终于觉照到这个道理，我们的生命才会充满智慧，而不会过得混乱而嘈杂，并且毫无方向。

拥抱当下，我们才能提起精神开创自己的幸福人生；拥抱当下，我们才能集中力量经营自己的美满生活。

【静心禅语】

过去的已成过去，

未来之事尚未到来。

既然只有当下是真实可把握的，

又何必让心悬置在不可把握的时空中。

人最怕的，就是执迷

心是我们生活的方向，把握好"心"，就是把握好当下的生活。

"心"，看起来难以捉摸，其实一点不难理解。在平日就对自心有所观照和省察的人，在面对逆境时总能善于转变自己的意念，而不是放任自己的负面情绪、负面心念在生命里扩散。即便是在黑夜中，他们也会看到明亮的星光。在他们的眼里，天天是晴天，日日是好日，无一天不自在，无一天不快活。

这就如同在乐观的女性看来，困难成了磨砺心志的炼金石，逆境成了修行自心的善机缘。不是说乐观的女性从来都不痛苦、不生气，而是她们善于转变自己的心念和情绪，善于把握自己的内心。于是，在她们的生活里，便比平常人更多了些快乐与洒脱。

人最怕的，就是执迷。想起往昔有人向赵州禅师求教："如何参禅?"赵州禅师说："喝茶去!"这是在告诉我们，应该用一颗平常心静静去品味茶的清香或清苦。其实我们的生活也是如此，浮浮沉沉，不过百年。我们的心应该不带执迷地投入到现实人生之中，清清明明地生活，明明白白地看待问题，无有挂碍，不带嗔恨。

一旦心有执迷，就会用"自我"的范围把自己想要的事物圈定起来。而烦恼和嗔恨就好像种子一样，遇到适当的机缘和诱因就会出现、生起、不断地膨胀，最终影响我们的现实生活。

这个诱因是什么呢？就是外部的人事物，这些人事物刺激着我们的嗔恨、嫉妒、怀疑、贪婪等情绪和感受。那么要消除这些情绪和感受，就要消灭外部的人事物吗？当然不是。外部的诱因乃是我们那执迷的心念在作用。比如，同一件事，为什么对你来说就会刺激起内心的怒火，而对其他人就不会呢？这是因为，人与人执迷的程度不同、执迷的对象也不同；同时，我们执迷的对象、执迷的程度也是在不断变化着的。

因此可见，自我的心念在不断地改变，而心内的执迷也在变化。既然它能生起，就能够落下，何必因为执迷的存在而横生烦恼？当我们观照到内部的执念和外部的诱因，烦恼就不会一直存在了，引发烦恼的无明也就不

存在了，《心经》里所说的"无无明"就是这个意思。

【静心禅语】

把心安放在每一个冷暖自知的当下，

不去执迷已经得到的或者已经失去的，

也不去执迷那些生起又落下，

纷纷扰扰的念头。

毕竟，人生中出现的一切都只是经历，

而并非能够被我们所占有。

安享生命的清幽

石巩慧藏禅师正在做饭时，马祖道一问："你在做什么？"
石巩慧藏禅师说："放牛。"马祖道一又问："怎么个放法？"
石巩慧藏禅师答："如果牛想撒开腿跑，我就去牵牛的鼻子。"
马祖道一很欢喜地说："你说得很对！正是这样！"你以为他们
是在谈如何放牛吗？他们谈的是如何对治自己的烦恼。当烦恼
出现，不要抱怨，而是先去观察，才能得享生命的安宁。

你若不执，便不痛苦

克里希那穆提说："我们说的这个觉者，就是了悟到人生真相和生命真理的人。他对自己分分秒秒内在发生的状态都很清楚，没有一个念头不清楚，没有一个动机不清楚，没有一个情绪不清楚，可以达到这样的状态就是觉醒。这个觉醒才是生命最重要的关键点，一个人可以清醒地认识自己，就可以做自己的主人，否则我们好像是自己在做主，其实一点都做不了主。"

要破除因执着而带来的痛苦，除了要观照自己的心念，还要留意自己的行为。因为每一个起心动念以及每一个行为，都会引发相应的结果。若想阻止不好的结果，就应该及时停止不好的心念和行为。

长久以来，我们由于对嗔恨心缺少认识，总觉得尽管生气不好，伤害自己的身心健康，可硬是把火气憋回去似乎更难。

火气是因为嗔恨心在起作用，而嗔恨的心念之所以会生起，则是因为对于"我"、对于事物的执着。《心经》里所谓"五蕴皆空"，就是告诉我们：一切无非是假象，就不要被假象牵着鼻子走了吧。外境的变化既然有符合我们心意的时候，就必然会有不合我们心意的时候。想想这些，又何须生气动怒呢？

人为什么痛苦？就是因为不自在。而不自在的根源不正是因为我们的心中有所执着、有所挂碍吗？所谓的"观自在"，正是要我们明白，自在的心境不是谁给予的，而是观照五蕴皆空的道理，对现实人生做出的正确判断。

当然，这是一种功夫，是需要长期培养的。当空性的智慧融入我们的生命之中，我们才能说自己在慢慢地转化，从一个爱生气的女人转变成一个心平气和的女人。

【静心禅语】

观照自己的起心动念处，

观照到烦恼的源头在哪里。

"观自在"既是要觉察到，

自己内心的力量，

也是要觉察到自我与世界，

无非是轮转变迁的假象。

要相信我们有瓦解愤怒的力量，

也要观照到诸法本无实相。

学会从枷锁中自行解脱

古时有位禅师说得好："宇宙能有多大多高？宇宙只不过五尺高而已！而我们这具昂昂六尺之躯，想生存于宇宙之间，那么只有低下头来！"

所谓的低下头来，也不过是告诉我们要时刻检省自己的内心，做到包容、忍耐、大度，温和而充满善意。在是非面前忍耐三分，在争执面前退让一步，这些行为并不是所谓的"君子报仇十年不晚"。说得直白一些，这是自己不给自己添堵，如果往人生哲理上面靠拢，就是要学会从枷锁中自行解脱出来。

有人问赵州禅师，已经觉悟的人，是否也有烦恼。赵州禅师说："有！"世间众生的烦恼，是因无明妄想而生起，那些有智慧有觉悟的人的烦恼，则是因为哀怜众生，是从慈悲心中生起。

同样是烦恼，但生起的原因却大不相同。我们每一个人的烦恼，是分别，是偏执，是无明杂染。烦恼不同，从源头上来看是因为心念不一样。我们的烦恼之所以成为生命中的障碍，是因为我们还没有发现让心灵自行解脱的方法。

假如，我们能够观照到正是自己的那些负面心念而生出烦恼，那么就应该进一步检视一下自己的心念，要找到自己为什么执着，因什么而分别，做的是哪般妄想。这是一种让烦恼转化为智慧的观修，并且能够让我们卸下心灵的枷锁，体验到真实的自在。

人生最恐怖的，并不是连续不断的烦恼，也不是时刻蹿腾的怒火，而是每天都被烦恼和愤怒折磨却不自知。当一个女人意识不到应该自行化解烦恼时，她会有一种"世界偏就与自己作对"的错觉，而这个错觉如果总是反复地出现，那么生命就会形成一种"惯性"——越是不反省、不觉察、不自知，生命中的烦恼就会越多，怒火就越难控制。

因此，调心内省这种事情，越早开始就越容易从烦恼的枷锁中脱离出来。

【静心禅语】

面对生活中的困境，

盲目嗔恨或埋头抱怨，

都不是正确的解决之道。

世间没有障碍，也没有枷锁，

所有的障碍与枷锁，不过都在，

那充满执着的心念中。

女人，别让自己的心太忙

1925年初秋，为躲避战事弘一法师滞留在宁波七塔寺，他在此处安闲度日，每日诵经禅坐，活得很是自在。某天，昔日好友夏丏尊来拜访他。吃饭时，夏丏尊看到桌上只有咸菜，就不忍地说："平日里你只吃这个吗？难道这咸菜不会太咸吗？"

"虽然咸，但咸也有咸的味道。"弘一法师回答。

吃完饭后，弘一法师倒了杯白开水喝。夏丏尊见了又问："怎么，你没有茶叶吗？怎么只喝这平淡的开水呢？"

弘一法师笑道："开水虽淡，可淡也有淡的滋味啊。"

生活的姿态有千百种，生活的滋味总是在心灵安闲时才能品得出来。但是，如果我们的心总是处于忙碌的状态，那么就很难再有时间照顾自己敏感的情绪，也就很难再留意到生活的种种滋味。

如果心太忙，就会很容易把自己困在琐事之中。心灵的世界不断在收缩，眼界也会随之变窄；心灵感知生活的敏感度在不断降低，可情绪上的敏感度却持续上升，以致到了生活里没有滋味，可一点小事就能把怒火点着的地步。

由于心太忙，我们失去了集中意念并感受自己的力量的能力。我们误以为，自己这样忙碌才能换来更好的生活，因为从根本上我们把物质享受摆放在了第一位。但其实，生活的滋味是需要用心来感受的。这种咸淡皆有滋味的生活，正是在放下了对固有观念的执着之后才能体会到的。

当我们认为忙起来才充实，其实正是对自然平淡的生活进行了否定，而只有放下这种"忙起来才充实"的观点，我们才能真正地品出生活的滋味来。

从现在开始，好好地检省一下自己的生活、观察一下自己的心，那么我们就会发现，实际上我们的生活没有必要过得那么匆忙，我们的心灵也不需要靠着忙碌变得看似充实而实则紧绷。

【静心禅语】

做一个心平气和的女人，

不要那么忙，那么赶，

给自己的生命留出适当的空闲。

保持着心灵的敏感，

这样才能好好地品尝生活的滋味。

急急忙忙地生活，相当于白活

文益禅师打算离开寺院一段时间，寺院里的知客师就问他："禅师以后将往何处去？"文益禅师说他不过是随处而行罢了。待文益禅师回来后，知客师问起他的云游感受，文益禅师只是说道："不过云水随缘而已。"

如今想来，这云水随缘的生活真是人生最妙的境界了！慢慢地走，慢慢地欣赏人生，在缓慢的生活节奏中观照自心。

内心随缘，不做执着，不做牵绊，不做挂碍。在适当的时候，停下拼命向前赶的脚步，告别急急忙忙的生活。因为如果活得太着急，那就相当于是白活了一般。大家想想看，每天我们要么是为了钱打转，要么是为了情伤感，自己的情绪、思想和心念都不能去照顾，那么这种活法该有多累。

人生恰如一场旅行，假如我们走得太仓促，就必定会错过很多旅途中的美好景物。当然，这还不是最重要的。最重要的是，我们不仅没有在现实人生中学会瓦解烦恼，反而还

要带着烦恼行走一生。

有多少女人在被怒火冲昏头脑、做出冲动的事情之后才开始后悔自己的一时失控。你以为情绪失控只是一时的吗？正是因为在平时缺少对内心的省察、对心念的观照，才会把愤怒变成了生命的惯性，即便感觉到嗔恨心对自己的生命造成了损害，却也很难及时把控住自己的情绪。这就好比，当我们走习惯了急匆匆的生活，一旦身心累了、倦了，就很难安享放松时的感受了。

别把忙碌变成生命的惯性，别把愤怒发展成不可摘除的情绪毒瘤。

【静心禅语】

给心灵留出一些空闲的时间，

它需要看顾，需要观照。

给自己的生命一个转变的机会，

把嗔恨之心转变为慈悲喜悦之心。

慢下来，给生命留白

在南宋时期有一位妙祖禅师，他说他在思考某个问题时注意力非常集中，几乎到了感觉不到饿，感觉不到困，既不分昼夜也不辨东西的地步。当他的所有精力都放在思考问题的方面时，便不觉得外界有什么事情会干扰到自己了。

如果我们回想一下自己的日常生活，其实这样的情形也很多。我在忙着写稿子，别让我做别的事情了——这就是我的常态。

对于这种情况，说好听点儿，这叫作"生命进入了新境界"，这是一种专注的境界，并且非常容易使人感觉到快乐。

但如果从否定的层面来看待，那就说明自己活得太紧绷了，也太死板僵硬了，应当慢下来并且给生命留白，让生命多出一些空闲。

让生命多一些空闲，才有可能让心多一些训练；而只有受过训练的心，才能及时地察觉到毒害生命的负面情绪和负面心念。

我们的心灵，总是在不断地产生快乐、忧伤、愤怒、恐

惧等各种经验感受。大家都知道，心灵的这些经验和感受明显呈现出两个方向，只有充满快乐、喜悦、清净等正向感受，才能产生对身体有效的疗愈作用。

当我们被烦恼障碍捆绑，心灵自然沉重不堪，身体上也会出现种种不适。其实，世间大多数疾病的根源都是因为"我执"深重。因为对"我"执着深重，贪、嗔、痴这三种心毒源源不断地产生，又分秒不停地让我们经受着各种身心疾病带来的痛苦。

因此，我们不能把所有的精力都用来忙碌、思考、享乐。找一个时间，什么都不做，只是安安静静地观照自己的念头，观照自己的情绪，最好能够看清楚自己的烦恼来自哪里，它又将如何瓦解。

【静心禅语】

勤于观照内心，

不仅是要察觉到负面情绪，

更是要断绝愚痴的心念。

生活不需要安排得那么满，

而是要让心念慢下来，

如此才能清晰地观察它、觉知它。

第十五课

不生气，不是要你压抑自己

愤怒的情绪，谁都会生起。但是，做一个不生气的女人，并不是要压抑自己。负面情绪需要的是引导和疏通，而一味地压制和压抑，则会导致身心出现更为严重的问题。所以，女性朋友们在平日里就要对自己的负面情绪进行疏导，而不是靠着压抑来麻痹自己。

平和宽容，是最简单的处世艺术

心中常存知足、包容与感恩，这是我们幸福的源泉。

如我们亲身所感，每个人的生命中都充满了一定的缺憾，但在知足者的眼中，缺憾反而是另一种完美，因为有了缺憾才能让自己明白珍惜眼下已经拥有的真实的幸福，而不是把能量耗费在无休无止的对欲望的满足中。

须知道，人生并非到处都能遇到对你好的人，但在平和宽容的人看来，那些对自己不够好的人，反而能让自己更懂得慈悲的重要性。比如，当有人对我们发脾气时，我们的心里会很痛苦，正因为这种痛苦，我们才更愿意约束好自己的言行，以免把这种痛苦加诸于他人身上。

命运反复无常，往往给我们带来许多痛苦或不幸。但在心存感恩的人看来，幸福值得感动，而不幸亦是一种磨炼。如此去想，内心便会平和安宁。

无论我们是否带着平和宽容的心境去和这个世界相处，世界都在按照它自己的规律运行着，而那些心怀平和、包容与感恩的女人，往往能因为这些良好的心态而创造出比其他人更多的美好感受，她们活得快乐自信，坦然富足。

天堂和地狱，原本就在我们的一念之间。当我们带着平和宽容的心去看待生活时，便时刻生活在天堂之中；当我们心中塞满了愤怒仇恨时，便身处地狱之中。究竟要选择哪种生活，全看我们自己，平和宽容是一种最为简单的处世艺术，也是一种心灵的修行。

【静心禅语】

怀一颗平和宽容之心，

接纳世界的不完美。

在缺憾中安顿身心，

何必总是活在不满足中。

心中有多少贪执念头，

人生就有多少负累。

心中常驻平和宽容，

才能与世界安乐相处。

学会接受世间的不公

有个朋友觉得自己的生活很没有希望。她说这个世界太不公平了，付出了不一定能得到爱情，努力了不一定会成就事业，只要一想到这些，她就特别生气，因为经常生气，她的身心状态也不够好，总是病恹恹的。

其实，这位朋友的观点颇有代表性。我们之所以对"公平"如此执着，实际上是因为我们满心想的都是"理所应当"。比如，我对心上人付出了真爱，可却等不来他的回应；我在工作上如此努力，可竟然得不到领导的重视，这怎么能让我心平气和。

但这个世界上从来只有相对的公平，而没有绝对的理所应当。与其喋喋不休地抱怨世间的诸多不公，倒不如做好自己的事、守护自己的心念。一句话，别管外界如何，先看顾好自己，这才是正理。

唐朝有位慧海禅师，某天他来到马祖道一所在的禅院，刚进门就被马祖道一问道："你到这里来究竟有何贵干啊？"

208

"弟子是为继续求学，获得觉悟而来。"慧海禅师很恭敬地答道。

马祖道一对他说："我这里并无一物，你跑到这里来求什么觉悟？你置自家宝藏不顾，连自己的本来面目都看不到，哪里有什么觉悟可求？"

慧海禅师被马祖道一的问话搞得摸不着头脑，他自言自语道："可是，究竟什么才是自家宝藏呢？哪一个又是我慧海的本来面目呢？"

在很多时候，我们何尝不是和慧海一样，看不到自己内心的觉性，不能认识到自己的本来面目。当我们把心放在外境上时，比如世间是否公平，自己能否接受这种不公等，我们就会忘记其实自己最应该观照的是自己的心。并不是说不要去关注社会，关注现实人生，而是只有当自己改变了，才能谈得上改变世界。试问一个连自己的情绪都无法把控、连自己的脾气都控制不了的女性，她说要给身边的人带来幸福，又如何能做到呢？

雪漠老师有一句话说得特别在理："眼看得太多时，心就会乱。"尽管世间有种种不公，但既然存在了就先接受吧，何必与其针锋相对。一切的转变，都是从自心开始做起的。因此，不论世界如何不公，只要自己不给自己的心灵设限就好。

【静心禅语】

心不设限，人生才能无限。

心平气和，看待人生才能宽和。

生活中没有那么多的"理所应当"，

因为落空的梦想而生气，

这才是最不智慧的做法。

学会驾驭自己，学会自我克制

在日本德川时期，有位盘圭禅师，他善于用通俗易懂的话语为大家开解心头烦恼，深得人们的爱戴。

某天，有个年轻人来到盘圭禅师的住处，说道："晚辈生来就脾气暴躁，难以控制，因此得罪了很多人。现在我十分后悔，却不知道该怎么灭除心头的怒火，还请禅师您慈悲我，教给我一个对治暴躁脾气的办法吧！"

"你这个性子确实很怪。那么，现在你让我看看，你那心头的怒火究竟是一个什么东西。"盘圭禅师非常惊讶地说。

"可是我现在没办法给您看，因为我现在心头没火。"

"那你什么时候能给我看看呢？"盘圭禅师一脸严肃地问。

"我也不知道，因为它到来的时候我不能预料啊！"年轻人回答。

盘圭禅师和颜悦色地开示道："看来这心头怒火并非是你的真实本性啊，否则你应该可以随时显现出来给我看的。

211

既然你出生时没有这心头火，而且又不是你父母给的，那么你再想想看，这火气是从哪里来的呢?"

暴躁的脾气，心头的怒火，无非是因为外界事物违逆了自己的心意而生发出来的。假如你的心，不曾因外界事物的好坏而动摇，不会因为他人的一两句话就欢喜或失落，又怎么会无缘无故地暴怒起来呢?

生活中，职场上，我们因为各种事情而怒气横生，其实这正是我执偏重的表现。当我们说要学会克制自己的坏脾气时，实际上应该在此之前先生出对"坏脾气"的觉察，发现它的源头在哪里，就对治哪里，这样总比毫无目的地强硬压制要有效得多。

【静心禅语】

做一个不生气的女人，

要敢于直面自心的黑洞。

做一个不生气的女人，

尝试着让内心安静下来。

静静地观照人生，

其实人生无非就是一场梦。

可以有底气，但绝不能经常生气

女人，应该活得有底气。这种底气来自对人生的认知，来自岁月的积淀，也来自事业上的成功。但是，底气可以很足，而脾气则千万不能有。

每一天，我们心中生起的念头都有千千万。在这些念头里，你可知哪一些正在不断吞噬着自己的能量，哪一些又在把自己引向人生的歧途，一再地陷入痛苦之中。

不能分辨善念恶念的人，终究也无法摆脱烦恼、厄运；而能够发现善念、守护善念的人，即便身处困境，也能依靠善念产生的能量让自己脱离困境。

某位朋友每天想的都是"别人都那么优秀，而我却很难引起别人的关注"。于是她陷入无限的自卑感中，随着自卑感不断增强的是心头的火气。因为她无法克服自我怀疑、自我贬低的心理，内心就很难有底气，人一旦缺少了底气，就会陷入对自己的全面否定之中。这种否定，其实是一种变相的我执。因为对自我抱有强烈的需要别人肯定的心念，所以一旦这种需求无法得到外界的回应和满足，嗔恨心就会被刺激，脾气也就随之爆发了。

女人的底气，是自己给自己的，就如同对自我的肯定需要建立在一定的自我认知上。对自我的肯定不能依赖于身外之物，对幸福的追求也不能全依赖于物质。

这种底气，要靠着内心的力量支撑起来。心灵的本来面目，应该是超越烦恼，超越痛苦的。但一直以来，我们都持有错误的见地，盲目地向心外寻找支撑和依靠，而外境最是容易变动，这就难怪我们对外境执着得越深，就越是活得没有底气了。

现在，既然已经知道了底气应该来自哪里，那就好好地善待这颗心吧。

【静心禅语】

女人真正的底气，

来自于对自己的观察，对自己的肯定。

没有任何外物外境能够成为我们的支撑，

也没有任何外力能够成为我们的依靠。

不生气的女人是真优雅

　　最幸福的事情，就是回家，尤其是回到我们内心的家。那种踏实感是无人能给的。回到内心的家，就是找到了真实的自己，在这之前，我们要做的就是暂且把目光从物质欲望上收回来，先去观察自己的内心。

　　我们的内心世界是个什么样子呢？那团灰蒙蒙的是嗔恨心，那团散发着烟尘的是嫉妒心……我们能够看见苦，也能看见受苦的原因，也能够看到断绝苦恼的方法。

　　静下心来想想，人生来似乎就为了一个"争"字，可争来争去，最后什么都得不到，因为我们终将与这个世界告别。如此看来，人这一生真的不必因为"争"而生气，因为我们没有必要去争夺。万事万物，都只是生命中的一场经历、一个过程，最后成为了回忆，而回忆也会随着身体的死亡而消散。

　　人生匆匆，为什么要因为逆境违缘的存在而生气呢？且看那些优雅美好的女性，她们似乎永远都不会生气，但不生

215

气并不意味着被人欺负，而是用一种平和的姿态与这个世界对话。话说回来，难道动辄生气就一定能解决问题吗？显然并不能够，反而是带着心平气和的姿态去面对生活中的问题，能够得到比较理想的解决。

因为不生气，心安定，才能生发起智慧，而正是因为智慧的存在，才让女人呈现出优雅的色泽。

克里斯多福·孟说："如果你想一窥自己的宿命，只要看看你的心态就可以知道了。"爱生气的女人，总是陷入愤怒的境地，这并非是别人有意要针对她们，而是她们的心态将自己拖进了这无望出离的愤怒之中。

但其实只要心念一转，转变自己的心态，让自己安住在温和从容的心境中，而不是任由火气在身心内横冲直撞，那么依然可以成为一个优雅智慧的女人。所以，爱生气的女人不要怕，怕生气不如不生气，压制怒火不如对治嗔恨。

【静心禅语】

只有自己心境平和安然，

才能感受到生活善待自己。

只有内心断除制造痛苦的起因，

人生中才总有祥云缭绕。

女人，应该让自己活得有情致

女人长得漂亮是一种幸运，但女人能够活得有情致则是一种智慧。要经营起有情致的生活，必然要远离嗔恨怒火，否则，心头的怒火迟早会烧毁掉我们静心培育起来的心灵花园。远离怒火、心怀喜悦的女人总是真正懂生活、爱自己的，她们必然自带雅致，也活出了情致。

《心经》中的生活情致

《心经》说："无无明，亦无无明尽，乃至无老死，亦无老死尽。"如果没有了这无知迷惑的根源，那也就灭去了由这个根源而产生的烦恼痛苦，没有了老、死等痛苦，也就相当于完全从老、死等痛苦中脱离出来。

真正有情致的生活，不是不会在生活中遇到风浪，而是在遇到风浪时依然能够领略到不一般的风景，生起别样的感受。这种感受就好比明知道人生的道路上会出现种种艰难险阻，但只要自己的内心是明澈的，眼前的障碍便只是一种暂时性的存在。

女人应该具有的生活情致是什么？不论是苦乐还是悲喜，只要是生命中出现的感受和境遇，都要如实如是地接受。因为有很多不快，在我们坦然接受的当下，便已经开始瓦解并开始转化了。

有生活情致的女人，不会因为生活中的一点儿小摩擦就愤愤不平。为什么在吵架之后男人可以像没事人一般倒头就睡，而女人却难以平息内心的怒火？这是因为男人制造缓解情绪的血清素的速度比女人更快。也正因此，抑郁症患者中大部分都是女性。

但如果女人有自己的趣味、情致，就不会把精力都放在那些不快上了。心无挂碍，远离执着，并不是要女人从此自欺欺人，对生活中的矛盾视而不见，而是该面对就面对、该解决就解决，无论结果如何，都不要让当时的负面情绪影响此后的生活心境。

记住：生活中有花有草，有明月有清风，虽然总免不了要面对暴风骤雨，但只要内心的阳光不被云翳遮蔽，生活中的快乐就不会减少分毫。

【静心禅语】

面对生活中的不快，

没必要耿耿于怀。

多少女人因为迷惑于眼前的障碍，

就误以为生活从此陷入无边的黑暗。

其实，烦恼痛苦的根源就在于无知，

当驱散了心头无明，人生道路便清晰起来。

不要受困于生活中的琐事

钱锺书说过："洗一个澡，看一朵花，吃一顿饭，假使你觉得快活，并非全因为澡洗得干净，花开得好，或者菜合你口味，主要因为你心上没有挂碍。"

可见，心中无挂碍才是人生的最高境界，但要做到真正的心无挂碍，却并不容易。即便《心经》中阐述的道理我们能够理解，但理解并不等于能够落实到现实人生之中。经常有女性朋友说，自己读了许多经典著作，对那些道理也颇有心得，可还是会一再地受困于生活中的琐事。也正因此，许多女性朋友愤愤不平地抱怨：如果不是因为生活中的这些杂碎事情，自己也就不会活得这样累，每天都带着烦恼和愤怒来生活。

但仔细想想，究竟是谁让我们活得痛苦呢？正是我们自己啊。又是谁缔造了烦恼的生活呢？也是我们自己啊。

我们对待生活的态度就应该像对待自己的心爱之人那般；而我们对待心爱之人时，还是怀着无限的柔情才更好。自己的心态和情绪都是具有能量的，就好比你对着镜子微

220

笑，便也能在眼前看到一张面对自己的笑脸。生活中的琐事却是很多，诸如茶米油盐的事情虽然微小，却很容易触发我们内心的火气。

其实，清净是一种生活境界，繁忙不也是吗？你认为柴米油盐这些事情很琐碎、很平庸，但琐碎平庸何尝不是生活的一种面貌。再说，生活的面貌是万千种，我们总不必只把目光局限在这些琐碎平庸的事情上吧。

生活的境界，本无差别。只是不同的人有不同的心态、不同的情绪、不同的看法。我们实在没必要分别哪些心态好，哪些心态不好，正如同我们不必执着于什么样的生活境界才是最高的。因为当我们出现这个想法时，内心就一定开始有所挂碍了。

【静心禅语】

> 愿你常能保持发现美的内心，
> 于琐碎的生活之中发觉禅意，
> 在忙碌的现实人生中体验清凉。
> 不要把心灵捆绑在事务之中，
> 也不要把目光局限于眼下的生活，
> 生活最高的境界，便是无境界。

请学会心灵的保养

佛经把人生经历的痛苦分为三类：诸如生、老、病、死等生理性痛苦。正是因为有了生存，我们才会有衰老、病痛、死亡等痛苦。但话说回来，人生中并不是完全充满了苦痛，除了痛苦，我们的生命中还有许多温暖和喜悦。尽管生病时很痛苦，可我们并不是天天都生病。即便有一天，我们的容颜老去，曾经苗条柔软的身体变得笨重臃肿，但这也不能剥夺我们对生活的热爱。如此一想，我们就对生活又充满了希望。

除了生理上的痛苦，人们还有心理上的苦。比如，爱而不得、求而不获，其实心理上的苦主要还是源自于我们对"空性"的不理解。《心经》中说：一切无非都是待缘而生、不断流转、虚幻不实的，因此都不应该有所执着。爱而不得，自然有爱而不得的缘故；求而不获，自然也有求而不获的原因。如果我们再因为这些而烦恼，那不妨问问自己：如果一切都得到了，什么有拥有了，心爱的人不会与自己分离，幸福的时刻永远不会过去，那么，我们还会如此珍惜生命中的一切吗？

第三种苦就是五蕴炽盛之苦了。如果我们始终不能洞察到色、受、想、行、识这五蕴的本性皆为空性，那么就会一直在烦恼中不停地打转，永远都不会有脱离愤怒、烦恼和痛苦的时候。但值得庆幸的是，只要我们愿意给自己的心灵一个解脱的机会，那么总是能够慢慢觉悟到空性的道理的。

苦的存在，并不是要来给我们的生活添堵，而是提醒我们，要重视痛苦并且找到疗愈痛苦的方法，换句话说，每一个女人都应当从苦中觉悟到如何对心灵进行保养，让自己活得不那么痛苦。这便是苦的正面意义。

【静心禅语】

人生何处不痛苦？

但觉悟到人生之苦，

是为了让自己活得不苦。

人生的苦厄无处不在，

放下心理上的妄念，

才能真正从苦厄中脱离出来。

读书，让心灵平和的最简便方法

经常有些女性朋友抱怨：为什么我的生活一片混乱，充满了不幸？其实痛苦的缔造者并不是别人，而是我们自己。看看自己的内心，它是不是一直在躁动，从来就没有平和安静过？

经常嫉妒的人会发现在某一天自己被他人所排斥；长期带着怨恨生活的人会发觉自己始终与真正的爱无缘；被欲望牵扯着内心的人则始终都在无法填补的苍白中凄惨度日。

但往往正是这样的时刻，才是最应该让心灵平和安宁下来的时刻。如果说世间有哪种方法最为简便易行，能够让我们在不知不觉中平和心灵，那么就应该是读书了。

爱读书的女人，往往比较善于自省，而自省的人才能自知。正因为自知是一个非常艰难的过程，所以像那种在生活里自始至终都能保持着觉性的人才最值得敬佩。读书，让我们暂时地与外界断绝开，从而反观内在，觉照自己的心灵。

只有当心灵安静平和下来，我们才能对生活进行真实的体验，并且观察到自己的每一个心念。虽然诸如静坐冥想等也能让心灵平和安静下来，但毕竟并不是所有人都能接受。而读书就不同了，因为我们总是要接触到书的，而不论是哪种类型的书籍，它们都能培养我们专注。当内心不再躁动，不再患得患失，不再因为一点儿小事就生气怨愤时，我们才能真正地感觉到心平气和；只有在经历了这种美好的感受之后，我们才会更愿意享受宁静。

　　在这个世上没有生来就无法平静的女人，也没有根本无法对治的火气，总有一些途径和方法是能够帮助我们重回到身心平静的状态的。

【静心禅语】

　　以书香熏染我们的心灵，

　　做一个活在当下的自知者。

　　息止内心的躁动，

　　还身心一份平和安静。

保持有弹性的生命状态

宋代道谦禅师找到他的好朋友宗元，希望宗元能够帮他开解难心的事。但宗元却说有几件事情是无法帮他的。比如吃喝、行走、睡眠等，这些事情是无人可以代替的。道谦禅师想了想，觉得这话非常有道理，便安心地去做自己的事情了。自那以后，他的内心就非常平静，而之前的浮躁早已荡然无存了。

其实我们也知道，不论是朋友、伴侣还是父母、子女，这些人虽能够陪伴自己一时，却无法代替我们来生活，更无法代替我们从烦恼和怒火中脱离出来。

但也正因如此，生命之于你我才足够珍贵，而正因生命珍贵，我们才应该保持着有弹性的生命状态，而不要用欲望、愤怒和仇恨染污了生命的清流，也不要用无休无止的忙碌来挤占生命原本应有的空白。

《心经》告诉我们：世间的一切莫不在变动之中，正所谓"色不异空，空不异色"，空性不离五蕴，五蕴也不离空性。但五蕴皆空并不是要我们消极地对待生命，而是应该生起这样的知见：虽然我们生活在假有的现象中，但生命依然有其现实性价值。一味地钻入顽空，就会对自己的现实人生报以不负责任的心态。

体察到空性的道理，是为了使生命保持在一种弹性状态中，保持在"无念"（没有自我执着的念头）这种自在安乐的状态中。正如同宗元对道谦禅师所说的那样，吃喝、行走、睡眠等是无法被他人所替代的，对于空性道理的体验、对于心念的观照，也必须由我们自己独立承担。当女人真的对自己的生命状态负起责任来，她便距离心平气和的生活状态近了一大步。

【静心禅语】

从"无念"的角度来看，变化是美好的。

女人需要有勇气面对变化，

这样生命才会有突破和改变的可能。

使生命保持着弹性，

空出自己的意识，

才能与真实的生命打成一片。

不生气的女人

女人唯有修心，才能得到幸福

方法篇

第十七课

心平气和有秘诀

　　不得不说，并不是生命中的每时每刻我们都能做到清净安宁。 心中的妄念总需要时时清除，但我们偶尔也会有偷懒的时候。所以，要保持心平气和的状态便有了一定的难度。不过，当我们真的怒火顿起时，不妨读读《心经》。不需费什么力气，心头火气就能平息。

不必在意他人的看法

还记得热播大剧《芈月传》里的魏美人吗？她美丽善良，姿色倾国，真诚地帮助身中剧毒的芈月转危为安。但魏美人并没有善有善报，而是遭人陷害后惨遭割鼻的酷刑，最后又自杀了断。

她被人算计，表面上看是心地单纯，但其实是因为她对自己的容貌以及对他人的评价太过执着了。当然，这两个缺点在绝大多数人身上都有。不必讳言，我就时常很在意这个世界对自己的看法，也正因此，我在很多时候活得不够自在。

我们总是很在意他人的眼光，很留意他人的评断，并因此而陷入了永无止息的循环中：越在意，便越想事事做得完美或者有个比较完美的表现，然后就会因为过于在乎而中了执着设下的"奸计"，最后结局必然不够完美。

尽管我们这样自我安慰，可依然无法逃避这样一个事实：因为太在意世界对我们的看法，我们就很容易绝望、痛苦、生气。然而，我们同时也忽略了另一个事实：这个世界本来就是由各种元素聚合在一起而形成的一种现象。这就好比在梦中我们梦到了惹自己生气的人事物，但我们醒来会发觉，这不过是一场梦，至于认真吗？至于生气吗？

一旦我们开始观照，发现了这个世界无非就是梦一般的短暂存在，我们还会在乎它如何看待我们吗？而其他人的评价，那就更是短暂的存在，除非我们真的不想让自己开心地生活，否则就根本不会和那些转瞬即逝的事物较真儿了。

【静心禅语】

何必在意这如梦幻泡影的世界，

对我们做出怎样的评价。

又何必在意他人的眼光，

而将自心画地设限，陷落在烦恼中。

要么享受，要么承受，就是别抱怨

　　一次聚会上，大家聊的话题从最初的如何轻而易举赚大钱已经转换到如何才能从烦恼的束缚中出离并获得真实的幸福。看来，大家真是被心头的烦恼折磨得太久，实在太迫切地要从这痛苦中脱离出来了。

　　这场景让我想起了一位小师父说过的"发露忏悔"。这个过程就是通过对治执着自我的习气业障，深度剖析自心，从烦恼中脱离出来。这就好比治疗身体上的疾病，这种手段不是用保守疗法，而是直接动了一场大手术，只不过这手术的对象是心而不是身。但话说回来，心身本就是互相紧密联系着的啊。心不舒服了，身体状态也不会太好，生活质量和生命境遇就更是如此了。

　　心不舒服，那就应该想办法去对治。生活不如意，就想办法去改变。说得直接现实些，生活这东西，要么享受，要么承受，可就是别抱怨，别动不动就因为自己的境遇不如意而怒火丛生。

232

在 2015 年的圣诞节这天，伊丽莎白二世女王发表了圣诞演讲，从 1952 年首次演讲到这一年，算来已经有 63 个年头了。在此次演讲中她说："与其诅咒黑暗，不如点燃蜡烛。"手中的蜡烛可以驱散黑暗，而内心的明灯则能够对治无明，帮助我们从痛苦中解脱出来。

如果我们只是等待着别人能够帮助我们从烦恼中解脱出来，那便无异于是画地自限。我们能够毫不费力地点亮蜡烛，驱散黑暗，同样地，我们也能够点燃心灯，走出无明。如果一定要给世间万法的性质做个总结，那便是"无我"和"无常"。因为变动易逝，找不到那个可以代表世间万法的主体。

如此看来，我们再遇到不如意时就别抱怨、别生气了吧。既然连发泄怒火的对象都是一种空性，我们又何必用这怒火焚烧了自己的清净喜乐呢？

【静心禅语】

若要享受风和日暖，

就必得承受风骤雨急。

若要享受清净喜乐的生活，

就得先学会释放心头的怒火。

人生有太多事，必须独自承当

智慧又慈悲的莲花生大师在开示世人时说："一味向身外寻求自我的人，怎会找到自己？好比一个笨人进到人群中，便受到外境所惑，而忘失了自己，一旦忘失自我，便四处乱寻，不断误将他人当作自己。"

其实，莲花生大师所说的意思，是要我们承担自己的命运，认识到自己的这颗心，而不是在遇到困难或遭遇坎坷时先急着埋怨或四处求人。人生中有太多事情是我们必须独自承担起来的。比如，我们生气时，就不要一味地把触发怒火的源头推到外境。外境没有对错好坏之分，能够触发我们怒火的，只是我们自己。就好比有人说："哎呀，你这个人可真笨，学什么都慢，做什么都做不好。"如果我们对这句话较真了，拿佛家的说法是"产生了执着之心"，我们就会被这句话触动了心头火气。也许我们会毫不客气地反驳回去，也许我们在潜意识里把这句话重复了好多遍之后很不幸地发现，自己真的很笨，却几乎忽视了是自己在潜意识里默认了这句话后，自己把自己给"变"笨了。

类似这样的情况在我们的生活中简直太多了。因为别人的几句话就火气横生的女人注定是与优雅美丽等美好的形容词不沾边的；而长期被嗔怒笼罩内心又不从自己内心找根源的女人，则必然与智慧无缘。

不仅愤怒的根源需要由我们自己来承担，由愤怒嗔恨导致的许多后果，也需要由我们自己来承担。我身边有一位长期把负面情绪堆积在内心的女士，她形容自己是"点了火就着的炮仗"，可见此人脾气确实暴烈。由于经常生气、常怀嗔恨，她交不到什么朋友，真正关心她、陪伴她的都是年少时结识的老友了，然而即便是这些老朋友，也坦言很难忍受她的性格。

当我们把自己痛苦的原因都推给外境时，那意味着我们放弃了自我成长的机缘。生命中的那些逆境和不顺，无非就是一再地告诉我们：赶快了悟空性的道理吧。世间万法，都是因缘所生，又跟随着内心外缘的变化而变化。痛苦的根源就是这颗心啊，我们的心通过眼、耳、鼻、舌、身、意去贪执因缘聚合而产生的一切，又因为顽固的执着而无法了解到随顺世间万法变化才能活得真实自在的道理。

【静心禅语】

不要被外境扰乱自己的心，

首先就要明白外境不过是，

那因缘聚合的短暂假相。

既然如此，为何要对着短暂易变的事物，

那般执着痛苦，又怒火满胸呢？

火气生起时，请尝试去冥想

在形容一个人忙着做事情时，我们总会说"嘿，看这家伙，工作起来多么地忘我"。到了这种境界，任凭外境有什么风吹草动，那也是一点儿都不会搅扰到内心的平静。因为他已经忘记这个"我"了，忘记有自我的存在了，外境如何变化，自心不与外境发生接触，依然保持着专注的状态。从这个层面来说，倒与《心经》中所说的"色不异空，空不异色"颇为相似。

当我们觉察到心头怒火就要生起，或者已经被怒火点燃了身心时，不妨去尝试着进行冥想。这与"忘我地工作"是一个状态：暂时地与外界斩断接触，保持在一个平静的状态中。在这个状态中，我们空去了多余的念头，空去了强烈的自我意识，同时也就能暂时地感受到烦恼消歇是个怎样的状态。

冥想时，不必拘泥于姿势，也不一定非得将双腿盘起来。而且，冥想对于时间和地点也少有限制。我最深刻的一

237

次冥想体验便是在某天和伴侣发生争吵之后，堆积在内心的闷气爆发，演变为了不折不扣的战争。

当时我想的是怎么用刻薄的话打压对方，但他夺门离去之后，我想的却是刚才我那样对他，可真不应该。这样的感受，这样的经历，想必很多女性朋友都不陌生。当我面对着空荡荡的房间时，我开始调整呼吸，把所有的注意力都放在呼吸上。这种体验能够把我从刚才的愤怒中带离出来。待呼吸平稳后，我的内心也跟着平定下来。此时此刻，脑中纷飞的念头也在逐渐停息下来。

冥想的感受越是深刻，身心的状态便越是安适，心头的怒火也便在随之消减。当冥想成为了我们生命中的一部分，就像吃饭、休息、工作、娱乐那般平常时，我们就会从这项寻常的修习中感受到平静的安适感，并且将这种安适的感受延伸到生命中的每个时刻。

【静心禅语】

当我们追逐事业和爱情时，

千万记得给心灵留些空隙。

静坐、冥想，慢慢地行走，

自然而然地感知自然，

感知生命的律动。

没有谁能够在怒火中幸福，

但当心境平和后，幸福就不请自来。

用一杯茶的时间灭灭心头的怒火

经常听到身边的朋友诉苦："我也知道发脾气不好，但就是做不到心平气和，就是觉得如果不把脾气发出来，憋在心头的火气就会导致疾病。"

心头的火气确实不能"憋回去"。但我们却可以通过诵读《心经》把它化解开。所花费的时间不多，也许喝完一杯茶，心头火气就熄灭了。

除了诵读《心经》，我们还可以通过其他方法来化解怒气，使内心恢复平静状态，比如经行。同样是消除内心的贪嗔痴，静坐是一种静态的方法，而经行则是在动态中逐渐平定内心。"经行"并不是一边诵读经文一边行走，而是在行走的同时自然而然地去感知身边的一切。行走，也是一种修行，而且特别适合怒火满心时的女人。在行走时，跟随自己的心意或快或慢或停顿。在行走时，感受着自己的意识心念的变动，感受着身体在行走中的变化。这样我们就更容易理解，为何《心经》上说五蕴都在变化中。只有我们亲身去感

240

知，才能真正地理解《心经》中的智慧。

当然，如果行走不方便的话，也可以静坐，或者只是静静地坐在那里喝茶。这花费不了多少时间，不必担心这些会耽误了自己的工作。更何况，带着满心的嗔恨，怎么能处理好工作呢？先安心，再处理事，这才是正确的顺序。

充满慈悲的精神导师克里希那穆提在《最初和最终的自由》一书中写道："你是什么，世界就是什么。所以你的问题就是世界的问题。你和我才是问题，而不是世界，因为世界是我们自己的投射，而要了解世界我们就必须要了解我们自己。"

在了解到自己的这颗心以及由心头嗔怒带来的痛苦烦恼之后，我们才有可能以更为精进的态度去面对生活，进而以正确的心念和行为来改变生活。要知道，生活中的大多数问题，都是心的问题。心的问题并非完全无法对治，比如心头的火气，我们总可以寻出最适合自己的方法来熄灭它。

【静心禅语】

当火气生起时，

也正是我们悟道的时刻。

只有感知到嗔怒带来的烦恼，

241

我们才能生起对治烦恼的念头。

没有感知，便没有觉悟，

所以，让我们感恩嗔怒吧！

善意的力量

善意是一种柔软的力量。它能让一个相貌平凡的女人散发出最美丽优雅的光芒。你对世界怀有善意，世界便还你一片清净安详；你对他人抱有善念，他人便给你温暖和关怀。虽然不是每一个善念都能得到他人的理解，但充满善意的心，必然会得到生命的回应。

善是一种强大的力量

　　面对生命中的境相，我们把顺遂自己心意的称作是"好的"，并以此为执着，而不如自己心意的则称之为"坏的"，并一再躲避。但是在真正有智慧的人看来，世间一切，本不必贴上什么好的坏的种种标签，一切本就处于变动之中，如梦似幻一般，何来好坏的分别？

　　《心经》的智慧告诉我们，善念是一种强大的力量，是一个良好的开端。有了这种自他两利的觉念，我们才有可能在正确觉念的牵引下，走上修行之路。修行，是为了用智慧来观照生命，并且让生活有所改变。

　　女人情绪多变，这确实是一个很常见的问题。因为女性心思敏感细腻，想得也多，诸如爱人没有及时回应，闺蜜与他人窃窃私语等小事儿都有可能激起我们内心的不平静。火气生起容易，但心平气和就难了。你以为生气只是暂时地伤害了身体，待脾气消了，自然就没事了。其实，我们当下被嗔怒绑缚，就很容易因为愤怒而做出不理智的事情来。况且，当下一刻的心念，必然是充满了愤恨，这种心念会持续地影响着以后的生命状态。如果我们总是生气愤恨，那可想而知我们的生命状态该会是有多么糟糕。

心平气和，可不只是一种内在的气度。我们的内心状态，总会写在脸上的。看那些已不再年轻的女人，她们虽然眼角有了皱纹，皮肤也日渐松弛，可她们的内心状态却分明在告诉别人，她从前的人生道路或许充满了波折，但她们却依旧愿意守护着心灵的善念，也正因为这种善念，她们虽不年轻，却依然优雅而美好。

女人，就该活成这样才好。

【静心禅语】

真正的善念，从不会以高姿态示人；

真正的善念，能够灭去心头的火气。

这样一种强大的力量，却以柔软来示现，

正好比，最智慧的女人，

从来都不以强硬的姿态行走在世间。

带着善意，去参透人生的本质

安德烈夫在《人的生命》中写道："我诅咒你给我的一切东西；我诅咒自己出生的日子；我诅咒自己将要死亡的日子；我诅咒我的整个生命。"这并非文学家在其作品中为了增强表达效果而如此这般。在我们的生活中，对自己的生命进行诅咒谩骂的人并不少见，尤其是在遭遇到生命的坎坷后，便开始深深地怀疑人生，以至于不骂不痛快。然而，这种悲观绝望的情感宣泄对于扭转人生境遇、参悟人生的本质根本没有任何帮助，反而还会起到消极作用。

在大多数人的生命经验中认为，生活就是受苦。那些小风小浪小波折已经足够令人痛苦的了，到最后还有死苦，这才是人们最为悲哀的事情。

生命中的痛苦，并不是因为我们诅咒它，它就会减少。只有我们心中的正念和正确的知见渐渐增多，无明渐渐减少，生命的境况才能有所好转。带着善意去看待生命，这总比带着满心的仇恨要好。

在生活中，我们总少不得洗手，但我们却鲜少主动意识到"洗心"。所谓"洗心"，就是要时时清除自己的心念中那些负面消极的部分。尤其是女人，脸洗得再干净，虽然可以让人看上去白净，可内心的火气、焦虑等负面因素若不及时清洗，到底还是不能给自己、给他人带来真正的欢喜。

【静心禅语】

生命中的一切，我们无须拒绝。

遇到的人，经历的事，

都是为了让我们看到人生的本质：

生灭无常，五蕴皆空。

做一个灵魂有光的女子

　　某一天，大家在微信群里闲聊起来。一个说："现在的人真讨厌，发来个链接就说'给点个赞'，好烦啊"；另一个说："就是就是，还有让帮忙投票的，我都不认识那是谁，就被朋友用'交情'给绑架了。"

　　大家说这些时，我想起了圈中一个姑娘，性格好得很。不论是谁，是求投票，求点赞，还是求转发，她都愿意帮这些小忙。开始，我以为她和那些"低头族"没什么区别，不过是工作不忙时聊微信，乐得当个老好人。后来我发现，这个姑娘可不简单，她说："有时也会烦，烦那些人有事没事就找人点赞、转发、投票。但是，这对我们来说不过是小事一桩，何不满足了大家的心愿呢？别的忙可能帮不了，这么点儿小事，我还是能帮的。"姑娘又说，她能帮忙的就只有这些了，因为她作为一个残疾人，自己要在微信上推广淘宝店，所以每当有人帮她转发时，她都觉得特别幸福，不论遇到了多么气恼的事儿，都能因为别人的这些帮助而瞬间心平气和。

这是一个灵魂有光的女子。她的善良之处就在于，不仅懂得感恩，更懂得尽自己的力量来继续传递这种善意。有时候，我看到一些根本不熟的人发来求点赞、求转发等链接，就会特别恼火：自己忙得一塌糊涂，还能管得了这些小事儿？可如果我们没有恼火，没有嫌麻烦，就像刚才说的那位姑娘那样，圆了这些人的一个心愿，我们的心也就立刻平静下来了。在这个世上，最简单的一点善意，就能让我们的身心安适下来。

之前听一位朋友说，她心情不好时，就会努力地去做善事，因为这样会让自己的心情变得好起来。"有一次我和爱人吵架，我气得心脏都疼了。但越是这时候，我越是告诉自己得去做点儿什么了。刚下楼，就看到一位阿姨很焦急的样子。原来是刚从外地搬来儿子家，自己出来买菜却不记得儿子家是在哪幢楼了。就这样，我陪着她挨家挨户地问。可也奇怪，我刚才的火气，竟然凭空消失了！"

能够用自己的力量，尽力播种善意的女人，都是灵魂有光的。谁没有怒火横生的时候？但我们要平静下来并不需要通过粗暴的发泄。主动离开内心的火气其实也不难办，既不必强压下去，也不必选择粗暴手段。去看看身边那些需要帮

249

助的人，去帮助他们吧。善意一经滋生，就很容易把我们从愤怒中带离。

【静心禅语】

气恼时，就拿出一点善意，

去对待身边的一切。

真正能让怒火平息的不是发泄不满，

而是当我们不断播种善意时，嗔恨的火焰，

便自然地平息了。

你应当成为有热度的小太阳

一位朋友与她相恋多年的男友分手了，很是伤心。我知道，在这样一个悲伤的时刻，无论我如何安慰，都根本不起作用。然后我也跟着抹起眼睛，说："我最近的日子也不好过啊。"

善良的女友很急切地问起我的近况，其实，我都不好意思告诉她真相：我若不出此下策，恐怕你还要继续沉浸在自己的悲伤之中吧。为了让自己的悲惨境况足够吸引她，我便把若干年前的苦痛遭遇一并吐了出来。果然，女友止住了抽泣，她又是给我鼓励又是给我安慰，这反倒让我觉得内心不安起来。

你瞧，平日里我们总有很多烦恼，容易被不如意的事情扯痛了心灵。但如果我们把关注点从自己的境遇转移到他人身上，那么我们很快便能从悲伤痛苦中脱离出来。

可见，我们所谓的痛苦，其实是一种假相。再比如，当我们因为某件不顺心的事情抑郁消沉时，突然传来一个好消息，不论是心仪的人主动邀约，还是更有实力的公司准备谈合作，总之你可以自行想象这些开心的事情突然就发生了！那么，我们还会因为之前的那些小烦恼而继续消沉吗？如果这些烦恼不是假相的话，那么它又怎么会这么快就消失了呢？

当我们努力地去做一个内心有热度的小太阳时，当我们从被自己过度夸大的痛苦中走出来时，我们会发现，其实轻轻的一声问候，一个关怀，一抹微笑，那都是善意的展现，都能成为一种予人温暖的力量。最关键的是，这些事情对你我而言，做起来很简单，可播下的善因所起到的作用，却很深远。

【静心禅语】

世上的烦恼，其实并不难消除。

当我们将自己封锁在痛苦中，

就永远地封闭了自心的光和热。

当我们去关注他人的痛苦，

心底的慈悲便能绽放出最美的花朵。

人生就是不断变清澈的过程

　　法国心理学家让娜·西奥-法金在《太聪明所以不幸福》一书中曾用一段非常形象的文字描述出"过度恼火"者的日常形象："针对整个大地的怒气；因为自己与众不同而生气；因为自己没有像原本设想的那样取得成功而气愤；因为感觉自己不被理解而生气；针对系统、标准的怒气以及因为生活妨碍自己存在而生气。"

　　看到这里，或许你在想：怎么人总有生不完的气呢？那是因为，我们的烦恼相续不断地存在着，而其实这个人生，就是不断清除烦恼的过程，这是一个让自心不断变得清澈澄净的过程。在这个过程中，首先应该转变的是我们的心念和思维方式。这就需要按照"八正道"来修行。这八种途径，能够让我们的生命变得清澈明净，能够让我们活得最究竟的解脱。

　　正见：要正确地看待事物。比如，我们平常看待事物的见解就是颠倒的。我们认为万物不变，便是一种偏执的见

解。我们把这个时刻变化的身体看作是一成不变的，因而产生了对自我的执着，这便是颠倒的见解。

正思维：正确地思考。这需要我们放下一切偏见，如此才能有正确的思维，从而避免错误的言行。

正语：用正确的方式来表达自己的见解，不要说别人坏话，也不要说恶意欺骗他人的话。

正业：我们要选择正确的做事方式，不要做那些不正当的行为。只要是侵害众生的行为，那都是不正当的。

正命：以合法合理的方式来谋生，而不是为了赚钱而去做恶事。

正精进：经常对自己的言行进行省察，对自己的心念保持觉知。不然，就会一不小心又落入无明烦恼之中了。

正念：我们要以正确的心态去看待世间万法。正念的力量有多么强大？这个估计只有亲身实践过的人才最具有说服力。

正定：将心守在一个境界上，不论是打坐、抄经、诵读经文还是冥想，都是为了让自己这烦恼之心安歇下来，让浮躁焦虑的心得以平静，让愤怒嗔恨的心得到清凉。

"八正道"看似实践起来很难，但真正难的并不在于实践，而在于不懈地坚持以及对当下时刻里身心状态的觉察。

【静心禅语】

生命的清流，应该奔流得更长远，

这需要带着智慧和善念，

不断地清净心念，让自己的心田，

清澈明净，每天都平和安然。

不生气的女人

女人唯有修心，才能得到幸福

第十九课

女人，你可以轻轻松松地活着

如果我们尚未发现生命的美好，那是因为我们活得还不够轻松。我们目前的智慧，还不足以支撑起我们充满困境的生命；我们的觉性，还不足以突破自身的局限。女人，你其实可以活得再轻松些，比如当我们放下心头执着，比如当心非常安静时。

顺其自然一点，气恼便会少点

很多女人都喜欢把生活比作自己的爱人。初听起来，这种说法可真浪漫啊。但想想之后便觉得，这大概就是我们掌控欲望的外现吧。我们喜欢用自己的方式来改变爱人，同样的，我们也喜欢用自己的方式来控制生活。

对于生活适当地加以控制，这绝对没什么问题；但如果控制欲望无限地膨胀下去，我们就会活得很累，很不开心，很焦虑同时也会很容易发脾气。倒不如顺其自然一点，如果人生中的每一天都按照我们自己的心意来进行，那这样的人生该多乏味啊！没有什么惊喜，也就没有激情。真正地爱生活，就是接受它本来的样子，允许它和我们想象中的不一样，并且不要试图过多地掌控它。

有些时候我也会想："如果生活中发生的每一件事都能按照自己的心意来，那就太好了。"可这种想法无异于是痴人说梦。自己喜欢的人，不可能也是喜欢自己的；自己中意的工作，很可能并不真的适合自己做；原本想和客户进行有效沟通，但事实上这过程并不如自己想象中的那般顺利。

就是因为这生活不是我们所想的那样，我们就开始憎恶它，乃至咒骂它，这其实并不是生活在给我们制造麻烦，而是我们自己和自己过不去。这种对生活的掌控欲望，就成为了心头的挂碍，这种挂碍来自于偏执。而挂碍越多，气恼也就越多。渐渐地，我们会把所有的目光都集中在生活中那些不顺遂、不如意的事情上，在气恼的同时我们会忘记，原本我们可以不必让自己身处于焦灼之中的。

在《心经》一开篇，出现的就是观自在菩萨。她为何能自在，而我们却不能。因为她用般若智慧观照到宇宙的实相便是空性，而我们并没有。我们想的是，这个有形质的身体是实存的，自己的情绪、思想、感受等都是实存的。我们的错误之处就在于，用不变的眼光看待时刻变化的世界并试图掌控这种变化。虽然我也认同在一定的范围内生活是可以被控制、被创造的，但我们的能力毕竟有限。为何不能让一切顺其自然地发展变化呢？还不是因为我们担心生活会有变故，可担心的事情不会因为我们担心就不发生。所以你看，很多时候我们都是在自找烦恼，对不对？

【静心禅语】

　　我们应当适应着生活的变化，

　　适应着生活中的不如意，

　　并乐于接受这些不如意。

　　当我们不再试图掌控一切时，

　　生活反而会带给我们更多惊喜。

女人，你这一生就是为修心而活

今天早上，我的情绪便很不好，因为本来把握十足的合作被我给谈崩了。任何一名职业女性都会遭遇这种变故，并且因为这种变故而变得情绪低落，进而消极地看待人生，感觉人生果然是一片苦海。然而，如果一切都进展顺利的话，我们就不会这么悲观了，我们会一边在朋友圈里发消息说"啊，今天又谈成了一笔，感恩生活带给我这么多惊喜"，一边得意扬扬地想着买些什么来犒劳自己。

其实生活从来都不亏欠我们什么，反而是我们需要在生活中修自己的那颗心。

记得在一次读者分享会结束之后，一个姑娘说："我就羡慕那些成功女性，我觉得人这一生，就应该为成功而活。"她的话倒让我想起了瑜伽大师艾扬格，他在被记者问起如何理解"成功的经验"时，回答说："人生没有成功或失败之分，我们要做的只是认真对待每一个片刻。"

认真对待生命中的每一个片刻，这其实就是一个很好的

愿心。认真对待生命，就是要抛弃对自己的宠溺。女人理应爱自己，但切不可过于宠溺自己。如果我们总是放纵自己的那些小情绪，由着自己的惰性来，那我们就会继续在烦恼的旋涡里打转。如果我们真的爱自己，就应该为自己"计深远"；如果我们真的足够爱自己，也就不会对自身感受特别的执着，因为我们明白，这种对自我意识的执着会将自己拖进无尽的烦恼之中。

由于内心的无明，我们看到的事物不过如同从哈哈镜中看到的事物一样，那都不是这个世界的本来面目。所以《心经》才把这些远离真相和本质的观念称作"颠倒梦想"。我们的心常常处于颠倒之中，所以这一生所有的经历，无非都是为了修这颗心。心中有正念，我们才能从迷惑无明的状态中挣脱出来，才能停止烦恼的生起，终止自己不善的言行。"远离颠倒梦想"说的便是这个过程。而这种远离，也是一种自觉而自如的行为，因为心中有了觉念，才能相应地有如此的作为。

【静心禅语】

生命中的每一刻，

都是为了修一颗柔软的心。

生命中的一切颠倒梦想，

都能通过自心的觉念而自然地远离。

不要被火气牵着走

凡是深受愤怒之苦的女人都知道，被火气牵着走的感觉很不好受。

当我们被愤怒冲昏头脑时，口里说的话未必是心里的真实想法，做出的一些过激行为更是会给他人、给自己造成诸多的痛苦。即便在事情平息之后，再想着去修复人际关系，那也是难上加难。更何况，愤怒生起的那一刻，我们的生命状态便已经脱离了掌控。不然，为何有许多人在火气消歇之后又后悔不迭地说："那时候的我，纯属是无心伤害了别人。"

要掐断火气，就要从根源上做起。火气，也便是贪嗔痴三毒中的"嗔"。《大乘五蕴论》中说："云何为嗔？谓于有情乐作损害为性。"《成唯识论》中对嗔做了如下定义："嗔者，于苦、苦具，憎恚为性，能障无嗔，不安稳性，恶行所依为业。"

可见，嗔是因为外界出现了违背自己心意的人事物而生起的怨恨情绪。这里有两个关键：一个是自我，一个是外境。可是，自我在哪里呢？既然五蕴皆空，物质世界也好，个人的感受思想也好，都是空性的体现。你说是外境引起了自己的不快，但那外境在哪里呢？你说你自己现在非常生气，可五蕴都在变化之中，只是暂时地组合成了你，那么生气的那个又是何人呢？

不被火气牵着走，需要我们在情绪触发的当下如实地做出观察。观照自心，便是观照生命。觉照到五蕴皆空后，火气便也不存在了。因为引发愤怒的内因外缘都是暂存的空相，愤怒自然也就是空的了。你看，恢复到心平气和的状态，这也不是很难啊。

【静心禅语】

真实地谛观外境和自身，

观照空性，观照生命。

世间诸法的暂存性，

证明了嗔恨也是空性的存在。

265

既然求不得，那就不要求

在生老病死四苦之外，还有四苦，而"求不得苦"便是其中之一。

为什么说"求不得"也是一苦呢？因为我们的欲念实在太多。某个人，某件物品，如果是自己中意却又根本得不到的，那么心头就会痛苦横生。但是，如果我们冷静下来再去想想，这个人、这个物品真的就那么需要吗？如果自己的生命里缺少了这些，就一定会去死吗？不一定吧。然而，对于大多数女性来说可不是这样。我们想要的只是我们的意念里认为重要的，而并非真的对我们的生命有多么重大的意义。

求而不得的东西太多了，所以我们常会感觉累；想要求得的欲望又太强烈了，所以我们常有被烦恼绑缚的感觉。

既然求而不得，那就不要求了。比如自己喜欢的人，爱情从来就不是求来的，倒不如把心敞开，而不要总是胶着于一个人身上。还有自己喜欢的某件物品，我们要清楚，之所以如此渴求它，正是因为还未得到，真的得到了，恐怕又该

266

不觉得新鲜了。懂得惜人爱物的人毕竟太少，而恐怕我们也不能免俗。

当心中有所求而又肯定得不到时，这时候内心如同被火焚烧一般。这就是欲望和贪执在起作用，而说到底，是因为我们自心缺少智慧的缘故。

要想消除苦，就要先对治欲望。《心经》中说"五蕴皆空"，你看，五蕴聚合便成为人体，如果五蕴皆空了，那么这个由各种元素组合而成的人身也便等同于是暂时性的存在。欲望的种子，正是由这个身体产生的啊！如果连产生欲望的种子都不存在了，那么欲望还会继续存在吗？欲望成为了一种暂存性假相后，哪里还有什么求而不得的苦呢？

【静心禅语】

五蕴皆为空，自身便是一个假相。

产生欲望的根源若不存在，

欲望又怎么会持续不断地生起？

当欲望灭尽，苦痛又如何能产生？

内心对了，美好生活便不请自来

记得林清玄的一篇文章中说："一个人有柔软心，这个世界就多了一丝希望，也更能接近净土。"一个女人，只有她的内心对了，美好的生活才能不请自来。我曾见过一位身穿名牌衣裙却依然用充满愤恨的语言来咒骂自己生活的人；我也曾见过相貌平平的姑娘，即便面对人生低潮也能满含笑意地对人讲话。

并不是每一个女人，都能在生活的风浪中保持着平静的内心，这是一种能力，是需要通过每时每刻都对生命保持着觉知才能培植出的。现在越来越多的女性开始关注自心的成长与建设，因为我们在经受了内心的痛苦后，真正地感受到物质永远无法替代心灵。

什么样的情况下才算是"内心对了"？首先，这是一种非常平和安宁的状态。但很多时候，我们总是把事情往坏处想。比如给某人发了一条信息，但一直没有得到回应。我们可以在见面时告诉对方，自己当时的感受，也可以根本不把这当回事，丝毫不被它影响。但我们当时是如何想的呢？我们告诉自己：那个人忽视了自己，那个人对自己抱有恶意，那个人把我们当作了可有可无的存在。但这些都只是我们自己的猜测而已，我们的愚蠢之处便在于用自己猜测的情况来支配与人交往时的情绪，结果这种情绪真的激起对方做出了我们猜测中的行为。到时候，我们就会越发地愤怒："看，我就说了，那个家伙根本就是不重视我!"

如果你不想继续以前的那种状态，那就应该从内心开始改变。我们要允许自己被别人慢待，因为并不是所有的人都会捧着我们放在手心上。但唯一不能原谅的就是自己折磨自己，并且是用毫无根据的消极的妄念来影响自己的生命状态。这才是最愚痴的行为。

【静心禅语】

当内心有花绽放，

生命才能有芳香飘来。

当内心光明一片，

人生才能呈现出温暖和光芒。

调整内心的状态，

永远比对这个世界做出要求容易得多。

不生气的女人

女人唯有修心，才能得到幸福

第二十课

安禅何必须山水，
灭却心头火自凉

心平气和地去生活，原本不是难事，《心经》中自有我们需要的空性智慧。要想身心平和安然，何必去跋山涉水，远离尘世？只要熄灭那心头的火气，自然就收获了无限的安宁平和。

别人的欺负，对自己而言是种修行

在生活中，我们总会有被人欺负的时候：同事心情不好，但她却把火气发在无辜的你的头上；爱人在外吃了闷亏，反而是回家后对你大喊大叫；闺蜜刚刚分手，你的好心安慰却被闺蜜丢到一旁。

当我说"别人的欺负，对自己而言就是一种修行"时，肯定会有人特别反感。因为她们会想：期负的又不是你，你当然可以这样说了。实际上，所谓的"欺负"，是一种恶行，一种暴力，一种不公正。也正因此，人们才会非常抵触它。既然我们自己都不希望被人欺负，那么我们是不是应该反思一下自己的言行，是否有"欺负别人"的时候。

我们都希望得到他人的尊重和肯定，那么我们就应该从尊重、肯定他人开始做起。

我们都希望被人夸赞，尤其是女性，当被人夸赞美丽、漂亮、优雅得体时，心里会特别高兴。但凡事有因才有果，我们只有真正地做到内外兼美，真正的得体大方时，这些赞美才会来，在这之前我们也要真诚地去赞美他人。

每个女人都渴望被人爱，但爱不是靠着祈求才得来的。爱自己的同时，也爱别人，但也不要对自我特别执恋，更不要对爱太过贪求。适度的爱，不管是对自己，还是对他人，都会形成一种绑缚，最终使身心不得自在。

但凡是在受人欺负时还能保持内心平定的人，大多都具有着安忍的品性，就如庄严的大地一般。这种安忍，并不是要我们对某些过分的言行姑息放纵，而是不要被怒火烧灼了身心。有些过分的恶意言行确实不能纵容，但这并不意味着我们需要以更为激烈的方式去反抗。就好比有人无故辱骂，你是要用更为难听恶毒的言辞去回敬，还是换作其他方式来对待？以恶制恶不该成为我们对待欺负的唯一方法，而任何的"欺负"其实都在提醒我们，唯有修行才能生起智慧，而唯有智慧，才能帮助我们心平气和地面对"欺负"并找到最适当的解决方式。

【静心禅语】

心如能坚实安忍如大地，

不对自我产生强烈的执着，

273

不对外境产生过多的黏着，

只是观待自己的心，让正念生起，

如此去做，便是对这世界的善意。

清凉平和，只在一转念间

　　我们都不喜欢喋喋不休爱抱怨的人。因为这些人似乎先天就自带负能量，总能把别人尚且还不错的心情给搅扰得一团糟。而且最关键的是，这些爱抱怨的人尽管絮絮叨叨令人厌烦，但他们却总是不遗余力地戳穿我们的乐观，他们抱怨着"这个世界凉薄又冷漠"。尽管我们不喜欢，但却不得不接受这个残酷而真实的事情。

　　那些喜欢抱怨的人，活在他们所说的"凉薄又冷漠"的残酷人间觉得很痛苦。而每天被他们的那些抱怨不断折磨的人们又何尝不是如此呢？

　　一个特别喜欢抱怨的姑娘就曾说："怎么不为这些受了委屈的人想想，如果生活得足够幸福，谁会找人不停地抱怨啊？"但是在我看来，一个喜欢抱怨的人，即便身处天堂也依然改不了那品性。而且，接连不断地向别人发泄心头不满，这种做法并不能让我们真的好起来，反而会持续性地破坏内心的平和。

其实内心的清凉平和，又何必非要通过这种招人嫌厌的方式来获得呢？抱怨是为了发泄烦恼，但烦恼的源头可就在自心中。与其抱怨，不如观心，观心之后，还要转念。

爱抱怨的人，只是习惯了把目光胶着在不美好的事物上。在爱抱怨的人看来，世界上所有的恶意都是针对他一个人的。当这种心念已经成为惯性，我们能做的便是在当下的生命中实现心念的转变。比如，当有人指出我们的做事方法欠妥时，我们要想到的是"嗯，这个人能够指出自己的不足之处，这分明就是在帮我啊"。对人对事，尽量往好的一面去想，然后你会发现人生真的没必要有那么多的抱怨。清凉平和的心境，每时每刻都可以创造，而这只需要我们稍稍地转变一下自己的心念。

即便真的如爱抱怨的人所说的那样，这个世界无情冷漠，但既然我们生而为人，就总要有所承受，如此才能有所成长。这个世界虽然残忍，但其实也取决于我们如何看待它，难道不是吗？

【静心禅语】

当我们从禁锢自心的观念中走出来，

我们会发现，

世上美好的事情很多，

那么又何必，

将目光停留在不如意的事情上呢？

宽恕别人，就是放过自己

俄罗斯大文豪列夫·托尔斯泰说过："真正的信仰并不在于让人懂得哪些日子斋戒，哪些日子去教堂，以及哪些日子聆听或诵读祷词，而在于让人永远在与所有人相爱之中保持善的生活，永远像乐意对待自己那样对待他人。"

宽恕别人，不是为了显得自己大度，而是不要让生命的能量耗费在无用的事情上。宽恕别人，也不是做表面工程，把负面情绪强行压制下来。人是社会性动物，极少有人一辈子可以不与别人打交道。控制物质上的欲望或许对有些人来说并不是什么难事，但与人之间的矛盾想要顺利化解，可能就不太容易做到。因为我们能够放得下物质追求，却很难放下自我的感受。而愤怒、不快、焦躁等情绪是如何生起的呢？正是因为执着着自我的感受，才牵动了这些情绪的生起。

人之五根（眼、耳、鼻、舌、身）与五境（色、声、香、味、触）相互发生接触时，才会产生诸如苦乐悲喜等感受、觉受。如果我们只是看到了感觉器官与外部环境之间的实有，却看不到它们念念之间都在生灭变化的空性，我们很容易就会不断地执着外境以及因外境而引起的自我感受。这种执着的感受，会伴随着我们自我意识的强弱而有种种程度上的差别、变化。所以，我们愿意宽恕他人，不去计较是非恩怨，根本不必强行压制火气。心平气和，那不是装出来的，强行压制负面情绪，反而会引来日后的反弹。

只要能够观照到五根和五境的空性，觉悟"自我"之空性，我们的火气便很容易消散了。想一想，哪一个是自己？刚才别人那句充满恶意的话，有执着的必要吗？他说便由着他说，我们的生命太短暂，哪有时间去憎恶他人、去执着那些恶意的言行？与其把精力用在执着他人的恶意言行上，不如还是去做一些真正能够让自己开心起来的事情吧。世界这么美好，但它也会有阴云密布的时候，我们会和天上的乌云计较吗？

【静心禅语】

宽恕他人，才能让自己的生命少一些障碍。

真正可悲的人，是那些不懂原谅他人的人。

真正智慧的人，恰在于懂得慈悲他人，

也懂得放过自己。

放弃"完美"的念头

想来很多女性朋友都对自己的人生有个非常完美的计划，但是如果对"完美"二字过于执着，我们就会活得非常累，而且渐渐地我们还会发现，不仅活得累生活中还到处充满了不快乐。

这就好比，以你现在的身高、体重来说，身材已经算是很标准了，可你还是不知足。没有马甲线，小腹还略有凸起，脸上没有好气色，整个人看上去都不够精神。没关系，我们可以选择运动，通过健身使体型和精气神都保持在最佳状态。但是你又不满意了，整天都嫌弃自己。渐渐地，不仅开始嫌弃自己，而且还嫌弃家人和伴侣。嫌弃了亲人之后又开始不满意自己的工作和生活水准。慢慢地，生活于你不再是一个过程、一种享受，而变成了一把枷锁、一种折磨。你那么追求完美，其实只是看到了别人的完美。一张电影海报上那化了妆、做了后期处理的挑不出一点儿错的美人，那才是你的最爱。但是，这样活着，那就太累了。

对自我的不满足，如果掌握得恰到好处，那么便能够成为不断进步的动力。那些事业上有所成就的人，必然也是因为不满足于最初的小成绩，才能取得日后的大成功。但是，如果我们对完美的追求已经达到了"吹毛求疵"的境界，那么我们不仅找不到适合自己的伴侣，也不太容易找到自己喜欢的工作。

　　更何况，我们眼中的完美，那都是与他人比较之后才产生的。每个人由于各自的生命境遇不同，表现出的生活状态自然也不同。你只是盯着那些衔着金汤匙出生的人有香车豪宅，于是你就认为自己的生活不够完美。但实际上，你或许每个月的收入都不低，你有疼爱自己的伴侣，有支持你事业的父母，你嫌弃自己还不够高白瘦，但有些女孩儿却因为种种原因生活在一片云翳之下。

　　对完美的过度追求，滋生的是攀比、是执着、是无尽的欲望。我们可以试着让自己变得更好，但永远别指望着能够成为最好。

【静心禅语】

　　所谓的十全十美，

　　只不过是一种填不满的欲望，

每个人的生命都会有所缺憾，

而这些缺憾，

才证明了生命的可贵。

保持正念，静观生命的变化

曾经有一位心情特别抑郁的朋友在网上向网友求助：到底该如何面对生命中的痛苦，如何平息内心的烦恼。

许多热心的网友都纷纷表达了关注和关怀。大家给出的对策很多，诸如静坐、冥想、诵经等。这位终日抑郁的姑娘也在尝试着自己来解决内心的问题。而我也经常与她保持联系，希望能够尽自己的力量来帮助这位朋友。

在她的身心情况有所好转之后，她对我说，她在生命中最难过的时候，发觉自己实在没什么好办法度过这人生的寒冬了。"还能怎样，静观生命的变化吧，说不定会有好的转机呢。"

最初，她的这些心念无非就是让自己安心，也让身边的朋友安心。后来她发现，每天以正念来代替过去的那些消极念头，心境确实和以往大不相同了。一行禅师在《与自己和解，治愈你内心的内在小孩》中写道："正念的能量是治愈的良药，能够辨认和治疗内在受伤的小孩。只需正念呼吸、

283

步行和微笑，就能接触正念的种子，获得疗愈，拥有幸福与快乐。"

带着这样的正念，我们不需要再与世界对抗、与他人对抗，而这种两种对抗在本质上来说，都是在与自己对抗，是对自身的不认同。有了正念守护我们的生命，我们无须因遭遇到的困扰而烦恼不已。况且，正念是一种多么简单的行为啊。

每天清晨醒来，我们便可以带着正念开始一天的新生活。何必要因为今天将要面对的麻烦事而痛苦呢？我们不妨想着，只要让心平静下来，任何一种麻烦，都不再继续纠缠着我们。这不是什么故弄玄虚，而是智慧的生命体验。只有在内心平静时，我们才能想出应对麻烦的办法。很少见到哪个女人在心乱如麻的时候还能做出正确决定，而那些面对麻烦依然能够心平气和、不气恼、不焦虑的女人，往往会顺利地度过人生中的波折。

正念的种子就在我们内心，但是我们必须要给它发芽成长的机会，才能开出花朵。当愤怒、恐惧、焦虑、绝望等纷纷生起时，请别忘记正念。与其一次又一次地沦陷在烦恼中，还是每时每刻地保持正念来得更智慧。

【静心禅语】

生命的变化有什么可怕，

有正念留驻心头，

从此再多的波折和风浪，

也不过是人生高潮前的序曲。

不生气的女人

女人唯有修心，才能得到幸福

第二十一课

了解迷惑的根源

　　我们常说"某人某事让自己很迷惑"，其实是我们自己不明白事物变化的道理，所以也就根本看不透迷惑的根源在哪里。由于这个原因，我们有意或无意地给自己以及他人制造了许多痛苦，而这种迷惑的根源，就叫作无明。

迷惑的源头在于心

神话学大师约瑟夫·坎贝尔说过："我们已知的世界，也就是我们眼前的这个世界，只有一个结局：死亡、崩坏、解体，以及失去挚爱时内心遭受的苦难。"

这与《心经》中所讲到的通过般若智慧的观照而看到的世界实相，其实都是一个道理。我们所在的这个世界，身处的环境，面对的人事物，没有一样是一成不变的。多少女人在愤恨岁月改变了自己的容颜、带走了青春光彩时都忘记了，正是因为万事万物都处于不停地变化中，我们的生命才有了种种成长和转变的可能。

但我们真正的痛苦之处还在于，因为心念中对自我的执着的存在，我们每时每刻都处于永无止境的欲望和贪求之中。这种对于自我的执着是如此强烈而深刻，以至于我们处于一种持续不断的拥有—失去—不停占有—不断失去的痛苦过程中。

这种痛苦难道是别人带给我们的吗？绝对不是！迷惑的

源头只在自心之中，而痛苦的根源就在于对自我的偏执而产生的各种欲念。就好比《洛丽塔》中的男主人公亨伯特，他因为不断地放纵自己的欲念从而酿成了悲剧，直接或间接地造成了几个人死亡的惨剧。《心经》告诉我们，身体不过是五蕴和合的存在，如果你说这个世界也不过是一种如梦似幻的假相，只是暂时存在的现象，这也说得过去。

那么，我们一定要执着梦境里出现过、存在过的事物吗？我敢确信有人因为梦见了去世的亲人或自己特别想念的人而感伤落泪，但却不相信有人因为梦到了自己所爱之人便要与之长久地相守。梦境里出现的情境，确实会牵动我们的心念和情绪，这也实属常情；但把梦中的事物执着为实际存在着的便有些愚痴了。

当我们再次生出一些不合理的欲求时，不妨就如此去观察这欲求。慢慢地我们会发现，即便真的实现了某个欲求，内心依然是空荡荡的，而且还会追求更多的欲念，这样循环下去，身心便只能一再地落入痛苦之中。这样一来，心头的欲念也该收拾起来了吧。

【静心禅语】

烦恼的源头在哪里，

我们平时便应该关注哪里。

不要说一切愤怒嗔恨皆因他人引起，

如果自己内心清醒智慧，

又怎么会不得平心静气？

坚持对"六度"的修行

宗萨钦哲仁波切说："在人类世界有个一成不变的法则，就是总想独占，这个人或这个东西只专属于我，为了排除他人的靠近与掠夺，往往产生了种种情绪波动、嫉妒、围堵、指责、保护，最严重的则是通过杀人去确保我想要永远专属于我。"

正是因为人类固有的这种贪欲给人们带来了数不清的恐惧、烦恼和痛苦，所以宗萨钦哲仁波切才一直致力于拍摄能够教化人心的电影。他在自己导演的几部影片里，几乎都是用别样的方式在告诉人们：贪嗔痴这三毒，害人可真不浅啊！也正因此，历来的觉悟者都对"六度"的修行方法颇为重视。"六度"为何物，在前面我们已经讲过了。虽然道理一讲便通，但能够把这些修持方式融合进自己的生活并且坚持下去，那就不容易了。不过，我们千万不要灰心。任何事情开始做时总会觉得比较艰难，但我们可以一点点地来做，先从自己最容易开始坚持的事情来做。

比如"布施"，我们现在很可能正处于兜里没钱，心中无智的尴尬境地。但这并不意味着我们就无法帮助别人。如果恰好此时某位朋友情绪低落、十分悲观，我们可以给他鼓励；如果他正陷入痛苦之中无法自拔，那么我们可以用温柔有力的话语唤起他的斗志和信心。之前看到一位朋友的 QQ 签名，"所谓慈悲，就是好好说话"。我深以为然，如果我们连诸如说话这等小事都不能予人喜悦温暖，那还谈什么修行呢？

且去看我们身边那些心平气和、好好说话的女人，每一个都是自带温暖的光环。若想坚持对"六度"的修行，那么就从这些最简单最寻常的小事着手做起吧。

【静心禅语】

一句鼓励，便可温暖他人，

一点善意，就能予人欢喜。

当我们心平气和地与人相处时，

世间万物，莫不散发着美好。

越在意，便越痛苦

有一位护士朋友告诉我，在某天，她和平日里一样，来到病房里忙着日常工作。有一位老人笑呵呵地说："你看，今天的太阳可真美啊！"护士朋友很是奇怪，抬眼望了一下窗外，这阳光确实很好，只是它并没有和以往有什么不同。

老人接着说："曾经，我无数次地看到日出日落，看到月亮淡淡的光辉从云层里透出来，可我全都没有在意。但在生命即将结束时，我才第一次真真正正地去看那阳光，我第一次这么用心地看它，但我以后就再也看不到了。"这天下午，老人便辞世了。护士朋友为此难过了许久。她说，那位老人的话提醒了她，她已经很久没有用心地去看太阳，或者看星星月亮了，因为她一直都觉得自己很忙，以至于忙得都没有时间来享受自己的生活。为此，她感到非常痛苦。她非常在意自己的生活质量，所以，她认真地工作，期待着能够拿到更高的薪水，学到更多的专业技能，这样便有了向着更高质量生活迈进的资本。在她最烦恼的时候，她写道："越

是在意什么，便越是感到痛苦。"她已经完全陷入了自己设定的痛苦中，她担心没有时间再去享受生活，她担心她会像那位过世的老人一样，直到生命的尽头，才用心地去欣赏生活。

其实，我们每一个人都很容易陷进自设的痛苦中。虽说生死无常，人的生命脆弱得不堪一击，可这也正提醒我们，从当下开始就认真地对待生活，这好过每天惴惴不安地对着生死之事不停地打战。

当我们越是对什么事情执着，便越是容易感受到世界的恶意，因为我们的执着，我们开始患得患失，而且总是习惯性地把事情往不够好的一方面去想。当然，放下执着，这说来容易做来难，那么如果一定放不下执着的话，就尽量把心思减少些；或者，把心念往积极正面的方向引导。人需要给自己一些积极的暗示，毕竟没有谁可以一直陪伴我们走过人生的寒冬。

【静心禅语】

> 与其恐惧无常随时到来，
>
> 不如在当下就活得精彩。
>
> 与其终日为执着的事而恐惧，
>
> 不如保持觉醒洞见事物之空性。

生命的意义，不只是追求幸福

在一期读书沙龙活动中，大家讨论"什么才是生命真正的意义"。不过得到的答案却五花八门，都很有趣。其中，最被人认可的答案是"生命的意义，便是追求幸福"。

但是，生命的意义，也可以不只是追求幸福。比如，让生命获得觉醒，并且时刻活在觉醒当中，而这种觉醒便是这个世界连同我们自身都是空性的。虽然"空性"这个词在本书重复得频率很大，但并不是每个朋友都能时刻意识到这一点。

如果说生命的意义只在于追求幸福，那么这便犯下了以自我为中心的错误。因为当我们的幸福便是造成他人不幸的原因的时候，我们就会自然而然地想到自己的需求、欲望以及情感感受才是支配这个世界运转的先决因素。是的，我们大多数时候都会这样认为。如果情况不是这样的话，我们又怎会在与人发生矛盾时被怒火和嗔恨填满了胸腔呢？

什么才是真正的幸福呢？我不否认物质生活的重要性，但幸福的触角，其实可以伸展得更深广些。如果物质生活也不差，而内心世界也是平和安宁且喜悦常存的，我想，在这种状态下，我会感觉很幸福的。当然，如果我们能够让身边的人也在物质或精神上有所收获，让他们感受到幸福，那么这样的幸福就是佛家所说的慈悲大爱了。

或许你会问：既然《心经》里都说，世界的本来实相就是空性，那么我们对他人的善意抑或恶意也是一种空性，那是毫无意义的啊。

但是，我很想反问一句：你愿意生活在一个充满了恶意的世界里吗？恐怕没人愿意吧。既然自己都不愿意，又何必要他人承受呢？况且，善意地对待别人，喜悦的却是自己。即便诸法的本相是空性，可在当下的生命状态中，我们的感受还是在起着作用的，并且这种感受会对未来的生命状态产生影响。所以，你还要吝啬自己的善意吗？

【静心禅语】

生命的意义，

在于追求觉醒的生活。

一切予人欢喜的善念，

都将牵引我们的生命，

迈向无数个喜悦幸福的时刻。

每一个困境，都是成长的契机

卢暖近来的状态不是太好，因为遇到的挫折实在太多。在经历了失恋、失业、失亲的三重打击之后，喂养多年的小狗也因意外而死了。她在微信朋友圈里说："唉，最近这沟沟坎坎可真多呀……"一连串儿的省略号，似乎有万千个心结都打不开。

在我们一生中，面对的困境又岂止是万万千，即便像和别人生气这种小事，也算是生命里的困境。许多困境，我们是无法选择的，比如失业、失恋等。但每一种困境，都可以成为一种契机。正是这些困境，带领我们走向生命的更高层次，当然前提是我们愿意接受它们、面对它们。

我知道，要想心平气和地接受那些自己并不喜欢的事情很困难。正因如此，《心经》里的空性智慧才值得我们反复地体验、领悟。空性智慧，不是要我们只是看到事情总会过去、事情总是处于变动之中的这个"空"，它也让我们看到当下事物的"有"。那些困境，明明就是存在的，但它们并

297

不是永远都存在的。以后的困境，也许会更多更强大，但那时的我们也许已经足够智慧、足够强大。

任何一种困境，都只是看上去很可怕。而我们之所以一再地排斥困境，排斥痛苦，那是因为我们并没有生活在觉知当中。我们看到的还只是"有"，看到的还只是痛苦。如果我们在困境和痛苦生起时，看到的不仅是实存之有，还有本性之空，那便说明我们处于生命的觉知状态中。

要想培植出这种觉知，就需要我们在日常生活中认真地对待每一个念头。这些念头虽然不易觉察，但却对我们未来的生命状态影响极大。生命中这些微小的细节，往往会因为我们的疏忽而导致烦恼的产生。当不正确的知见和心念生起时，我们要及时地发现它，并且铲除它，就像拔掉心头的毒草那般。

【静心禅语】

　　善于觉察每一个心念，

　　生命的走向才不会有所偏差。

　　面对生命中的困境，

　　心不动，痛苦便不会产生。

第二十二课

学会接纳，学会与生活握手言和

人生最大的学问，不是如何轻松地赚取钱财，也不是如何才能童颜永驻、青春不老。人生最大的学问是如何学会接纳，学会与生活握手言和，学会不和自己较劲，学会看到物质现象界的存在只是暂短的停驻，而实际上，现象的背后却是永无止息的变幻。

生活岂能时刻随自己的意

一向乐观活泼的小可最近不高兴了，原因是她的恋人变心了。她打来电话时，我正在工作室里忙得焦头烂额，尚没有想好用什么安慰她的话，我的耳朵便先因她的咒骂和抱怨而引发了一波波的爆炸。

对于女人来说爱情便如水，缺少了爱情，我们的生活便失色不少。虽然它不是生命中唯一重要的，却是最容易让女人受伤的。爱漂亮的小可不再打扮，也不爱笑了，原本娇俏可爱的脸上写满了嗔恨。因为内心的嗔恨，她的容貌再不似从前那般美丽了。

当然，面对爱人的离去，只要是投入了感情的女人都会伤心落泪，都会痛彻心扉，同时也会换上仇恨脸，以怨妇面目示人。

可是，这个世界上容易变化的，并不只爱情。我们想想，自己的情绪，自己的感受，以及那纷乱杂多、数也数不清的心念，哪一个不是时刻都在变化着呢？生活岂能时刻都顺遂我们的心意呢？

如果这个世界果真能按照我们的心思来，那岂不是太可怕了？想想看，我们女人有多么情绪化啊。和伴侣感情和睦时，巴不得天天都黏在一起；但是当我们和伴侣怄气拌嘴时，又恨不得让他永远别再出现。如果全世界都能顺从每个人的心意来运转，那岂不是会世界大乱了。美国作家大卫·福斯特·华莱士在《生命中最简单又最困难的事》中说，每个人都认为自己绝对是宇宙的中心，"是世界上最真实、最鲜明、最重要的人物"。而且更可怕的是，这种强烈的且时刻出现的自我中心意识完全占据了我们的心灵。而我们很容易陷落痛苦和烦恼之中，便正是因为这个。

《心经》中所讲解的空性智慧，便正好是对治强烈的自我意识的药方。《心经》告诉我们，既然一切人事物都在流转变化之中，体现出一种空性，那又何必因为明知道不会长久保持、永恒存在的事物而烦恼痛苦呢？

【静心禅语】

究竟哪一个才是"我"，

"我"无非就是五蕴的和合。

所谓的"我"无非是空性的体现，

又何必因此而生出强烈的执着。

读《心经》，静候内心的安宁

在某次旅途中，偶尔间听到两个人的对话。

一个人问："听说你每天都读《心经》，你是因为有什么要实现的心愿还没有实现，所以才通过这种方式让自己的心愿早日达成吗？"

另一个人答："以前我的心愿是想拥有自己喜欢的一切，而现在我却希望，能够通过读《心经》放下这些念头。"

当我们说人生太累，生命太困重时，又何曾反思过，是不是由我们对生活要求得太多了所导致的？我们想要的那么多，以至于一旦自己的期望落空，便埋怨生活太残忍，抱怨人生对自己充满了恶意。

张德芬说："生活当然还是越简单越好，加法加到最后，就没有办法再加了，因为所加的都是物质方面的东西。"我们不停地囤积物质，要么是为了攀比，看到别人有什么，自己也非得有什么，不然就觉得低人一等；要么就是觉得，物质资源越多越丰富，就越有安全感。但是积累过多且无用的东西反而让我们本该深怀感恩的心变得愈加薄情。在追逐物质欲望的道路上，没有谁能够走得轻松又坦荡。这就是为什么，有很多女性朋友宣称，虽然不缺钱，不缺少生活物资，可依然心情沉闷，经常处于烦乱的心境中。

这也是为何有越来越多的女性朋友开始关注内心建设，通过静坐、慢走、冥想、瑜伽、诵经等方式来平定自心。只有内心安宁了，我们的能量才能集中于一处，才能深情地生活，而不是薄情又不知感恩地追求物质享乐。

诵念《心经》，哪怕仅仅是为了收束那散乱的心念，日子久了，都会有一种全新的生命感受。面对生活，我们并不缺少创造力，我们少的是正念和清简。缺少了前者，我们会时刻都因为自心的执着而认为生活充满了恶意；缺少了后者，我们便极易陷入囤积物质带来的短暂性快乐，这就像毒瘾一般，短时间内来看非常快乐，但时间长了便只能给心灵制造出捆绑和禁锢感。

【静心禅语】

你以为生活充满恶意，

但恶意不过是自己想象的产物。

只有当心非常安静时，

生活中的美，才能不断地被我们体验。

真实的生活，总是幸福与痛苦并存

　　在我所住的居民楼后面是一个学校，每天在阳台上晾晒衣服时，我总喜欢站在阳台窗前向外望，更多的时候是望着那所小学的操场，总能看到一些充满朝气的孩子像小精灵似的蹦啊跳啊。这样的场景让我想起了自己的童年，一种幸福温暖的感觉涌上了心头。

　　但是某一天，我却听闻放学之后，学校门口出了一件很可悲的事情：一位小学生不幸发生车祸。从那以后，每天上学放学时便有许多家长来接送孩子。邻居家的小孩就在这所学校读书，她说即便家和学校离得这么近，她妈妈每天都要接送她。一次闲聊，邻家大姐说起那场事故，依然泪眼婆娑。

　　但是，真实的生活就是如此啊，它总是幸福与痛苦并存着的。我们无法预测哪些不幸的事情会发生在我们头上，而我们能够做的就是尽力避开那些因为疏忽而导致的意外。尽管痛苦和不幸总是如影随形，但这并不意味着，我们就应当对生活报以焦虑和恐惧。释迦牟尼在去世前不住地赞叹说："人生可真美好啊！"说一切皆苦的人是他，说人世很美好的还是他。这些话并不矛盾，它们只是在点醒我们：快乐的时候要想到痛苦就在身边，痛苦的时候要相信，幸福就距离自己不远。

智慧的女人，不会只沉溺在眼下的快乐和享受中，她明白这种快乐是很短暂的，有了这样的心理准备，当不幸袭来时她便能较好地适应下来。智慧的女人，她也不会沉浸在悲伤和痛苦中无法自拔，因为她看到了一切事物都具有的变动性，这种变动性，也就是《心经》中所说的空性。当我们看到了幸福或痛苦，都只是某些元素组合而成的结果时，我们就不会长久地黏着在其中。现象的生灭，从不曾有停歇过的时候，但我们的心却能够通过修持而安住在一个相对来说比较清净安宁的状态中。

只有在这样的状态中，我们才能较为清晰地观察世事且较为清醒地面对生活。

【静心禅语】

不论痛苦抑或幸福，

从来没有什么能长久地存在。

唯有保持心灵的清醒和觉性，

保持着对痛苦和幸福的观照，

我们才不会迷茫，

才不会无止尽地缠缚于外境。

下一秒，永远是未知

　　有这样一个女孩，她从小就极具表演天赋。为了能够实现自己成为演员的梦想，她便利用课余时间来参加学校里举办的演出活动。几年之后，昔日的小女孩已成长为亭亭玉立的少女，她那表演艺术的梦想一直没有熄灭，反而在小获成功之后，越发坚定了自己的梦想。

　　后来，她带着这份梦想和惴惴不安的心情参加了一场选秀活动。对于她这种自小生长在小镇的姑娘来说，这种规模的选秀活动那可是大开眼界，同时也带给她更多的压力。

　　轮到她上台表演时，她满脑子里想的都是"万一搞砸了该怎么办"，尤其是当她看到评委们挑剔而苛刻的目光时，她都在想"赶紧结束这该死的表演吧，我支撑不住了"。表演结束后，她甚至都没有和其他选手打招呼就离开了选秀场地。在回到家的那天上午，她不得不忍受着人们的闲言碎语去自家果园里干活儿，但是当天下午便有好消息传来，这个姑娘获得了决赛名额。就这样，她在喜悦、不安、焦虑、再次忍受闲言碎语的过程中一路向前冲，有时她觉得自己实在扛不住了，但往往是当她快要放弃梦想时，就有一个好消息传来，支撑着她继续向前走。

看来人生这回事，下一秒永远都是未知的。所以，它永远都值得我们为之去努力，而不是早早地放弃了自己。

《心经》中说："依般若波罗蜜多故，心无挂碍，无挂碍故，无有恐怖。"这个般若波罗蜜多便是能够洞见宇宙和人生本来面目的智慧，有了这样的智慧，能够观照到人生的实相，于是心头便不再有执着和挂碍，也就不会有恐惧、焦虑等烦恼。就像这个姑娘的经历一样，人生中的每一秒都是未知的，都是不断变化的。看似没有希望的事情，其实也都深藏着转机。只看你有没有智慧和耐心，去洞悉、去等待，并且在这个过程中继续地打磨自己，修持身心。

没有智慧而只知一味等待的人是可悲的；不懂等待，不懂努力打磨自己的人，那更是缺少智慧的。当心中对未来充满了悲观时，不妨告诉自己：路还那么长，凭什么就要放弃希望？有时候，做一个智慧与乐观并存的女人，其实也不难。

【静心禅语】

生命中的每一秒，

都充满了未知的变动。

耐心等待时机的同时，

别放弃，对内心的修持。

与烦恼握手言和

　　有位修行人，他想考考自己的弟子谁最智慧，便对座下弟子说："我的后院有一块地，日子久了也没怎么打理，都长出荒草了。你们说这该怎么办？"

　　大家七嘴八舌地讨论开了。有人说连草带草根都给挖出来；有人说放火烧来得最彻底；有人说在他老家，人们都是撒上一种药剂，这样就能起到除草的效果。

　　由于大家都是在口头上讨论，因此也很难讨论出个结果。修行人就说："你们明天一人划分一块区域，用各自的方法去除草吧。"

　　然而，这些弟子们的除草任务进行得并不顺利，草被拔光、烧光后还是会照样长出来。日子一天天地过去，谁都没有完成师父交代的任务。

　　大家就去问这个修行人："师父，你用的是什么方法呢？"

　　修行人说："我拔光草后，直接就在地上种上了鲜花。

311

当一块土地上开遍了鲜花，即便偶尔有杂草长出来，那么稍微地清理一下也就可以了。"

我们的人生中总是不可避免会出现很多烦恼，别妄图一下子就把所有的烦恼都清理掉，因为我们以后的人生之路还很长，我们不知道会遇到什么样的人，什么样的事。但如果我们的心田里播种下智慧和善意，每天都精心地照顾它们，看它们开出花朵，看它们是如何点缀了我们的人生，那么我们又怎么会有时间去关注烦恼呢？

与烦恼正面交锋往往不战自败，但是换一种方法去对待烦恼，说不定就会卓有成效。每个人的人生都很珍贵，所以要明明白白地活一回。硬碰硬必然很难解决问题，那么不妨先接纳烦恼的存在，然后用智慧的方式来与烦恼握手言和。

【静心禅语】

人生总需要深刻而清晰地洞见，

并不是所有的烦恼都可以轻松化解。

面对烦恼，我们可以用更轻松的方式，

让智慧和善意的花开放在心间。

那么，谁还会去在意，

人生中的那些小情绪呢？

第二十三课

所谓奇迹，就是在 大地上安然行走

在生活之外，不要妄想着有什么奇迹。我们能够安然地走在大地上就是奇迹，简简单单却自在从容地生活，就是最伟大的奇迹。

《心经》给心灵带来的真正依靠

　　在我还是个小女孩儿时，我经常会莫名其妙地害怕。我对妈妈说："我最怕的，就是您会把我丢下。"其实爸妈都很爱我，他们听了我的话后，明显表现出惊讶表情。

　　后来我发觉，我并不是怕爸妈把我丢下不管，而是实在想找一个特别结实的依靠。因为随着年龄的增长，我知道最疼爱我的亲人也会有去世的那天，曾经牵着我的手、一直保护我的那个人，也会因为缘分的聚散而离开我。

　　我希望得到的是一种真实的依靠，能够永远地陪伴着我的这种依靠。日本诗人宫泽贤治在《昴星》一诗中写道："拥有金钱的人无法依靠金钱/身体健壮的人往往溘然长逝/头脑聪明者其实心智不足/可依托者全都无以依托。"当我读到这些诗句时，我便越发觉得自己之前的念头太可笑：竟然妄想着依靠亲人、财富、小聪明这些来安安稳稳地走完人生路。在有过一定的人生经历之后，我方才发觉其实真正能够伴随我们一生、成为我们依靠的，从来都是自己的那颗心。

只是，这颗心的妙用从来就没有被我们重视过。心上的智慧和光明，我们几曾体验过？我们在妄念纷飞的心境中迷失了人生的方向，我们把平定生活的依靠推给了外界，我们任由内心迷乱，过着无意识的生活。

　　《心经》告诉我们，首先要安顿好自己的心灵，觉悟到空性的道理，然后把这种智慧应用到现实生活中。最怕的便是，我们浑浑噩噩地生活，不知不觉地一再陷落到因无明而造成的烦恼中，又因为这烦恼而做出一些不善的言行。要知道，这些不善的言行，最后都会反作用于我们身上。《心经》不仅告诉女人应该如何调心，更告诉女人，别试图依靠那些并不长久的事物，而要学着让自己的心变得独立坚强又充满智慧。这样的心才能够伴随我们一生，并帮助我们平稳地度过人生的风浪。

【静心禅语】

　　生命中的一切，无非是暂时的现象，

　　真正的依靠，唯有那觉悟后的心。

　　变动的事物，揭示了无常的真理，

　　念念生灭中，智慧才是最好的伴侣。

此心安处即是我乡

日本作家川村元气在《如果世上不再有猫》中设置了一个很荒诞的故事：书中主人公时日不多，他不得不与魔鬼签订协议，这个世界上每消失一件物品，主人公才能得以延长一天性命。作者其实想告诉我们，每个人的内心都如同一个黑洞，只知道向外求索，但从没有珍惜过已经拥有的。为何？因为我们永远不会满足，贪欲就是人性中最为黑暗的一面。因为有了贪欲，我们每天都要喂饱它，不然就很难心安。

对于这一点，我想大多数朋友都深有感触吧：昨天才新买了挎包，但今天看到某位朋友的皮包，还是忍不住眼红嫉妒；自己家中经济情况明明不行，却又忍不住想买名牌产品，又不肯努力工作赚钱，于是便长期仇视那些经济实力强的人。凡此种种，皆是一个贪字。当然，适当地改善生活，那无可厚非。但如果心头贪欲驰骋，自己又懒惰，不努力工作，也不认真经营生活，反而每天想着如何占有得更多，那么，这样的内心还能平静吗？肯定不会，而且还会特别敏感，生怕被人戳中痛处，于是在贪欲之外又多了敏感易怒的烦恼。

要想安心，就要先对治贪嗔痴这三毒。把自己的欲望控制在一定的范围和程度内，欲望反而会成为我们改造生活的动力。一位女士用她多年的经验告诉我们，当她欲念生起时，她就反复地问自己：这件物品我是不是必须得要，不然生活就无法继续；自己是否能承担得起购物开销；自己有何德何能占有那许多的物品。往往是反问自己之后，心头的欲念就会减轻些。

每次聊天聊起这个话题时，总会有女性朋友们撇嘴："女人理应对自己好些啊。"但女人对自己真正的好，并不仅仅是满足自己的物质需求。当我们真正能够照顾好自己的心，让这颗心安顿又充实时，我们才能真正地感觉到幸福。不然，我们一再放松自己的物欲，只能让自己活得盲目急迫又迷茫。当心都不安稳了，每天都被烦恼折磨得死去活来，又何来"对自己好"一说呢？

【静心禅语】

放纵自己的欲望，

无非是把自己拖入到更深的泥潭之中。

安稳好自己的心，才是真正对自己好，

此心安顿后，才谈得上有质量的生活。

心境从容，收获柔性的人生

平时经常听一些朋友说："哎呀，你好努力啊，你这么努力，是为了什么啊？"其实我从小就是个努力的人，但我想说，对"努力"太过执着，也不是什么特别好的事儿。凡事都应该有个度，佛家最赞成的生活态度便是"中道"。人生要努力，但也要张弛有度。如此，才能够心境从容，于是才可以收获一种柔性的人生。

过于努力，那便同等于用力过猛，于是就很难保证生命的平衡。过于努力，确实能够带领我们迈向成功，但同时也会让我们生出傲慢之心，生出攀比缠缚之心。但如果不够努力，那又会整日懒散，虚度光阴，最后一事无成，如果自己对于物质的欲望又特别强烈，就更容易生出嗔恨之心。

更何况，努力的意义并不仅仅在于让我们在物质生活层面得到的更多，更在于我们通过它使这个世界变得更好。所以你看，努力作为贯穿人生的一种生活态度，实在不应该成为一朝一夕的工夫，更不应该成为让生命变得僵化的"帮凶"。最好就是带着从容简单的心境去努力地生活。

我最欣赏的一个姑娘，她平日里的生活很简单，她从来不用别人的价值观来衡量自己的生活，如果是自己分内的事，是自己喜欢的事，那么便一定会努力去做。她说："这样的话，每天便都能带着饱满喜悦的情绪来生活。"但我们却很少看到她因为什么事情与人计较、争执，对此，她又说："所谓争执，无非就是两人的价值取向不相同而又过于以自我为中心才发生的。世界这么大，岂能每个人的想法都与自己相同。我努力，但不随意地浪费精力，与生活目标无关的事，不关注也罢，这样，还可以多一些时间和心思来安排自己的生活呢。"所以，人们很少看到这个姑娘生闷气或与人争吵。挂着浅浅笑意的她，像茉莉一般清香宜人。

努力而不随意地浪费精力，想来真是很智慧的活法。面对生活，我们不是要如同战士一般地拼命厮杀，而是当努力时努力，该消歇时消歇。不要把精力浪费在不值得的事情上，这样才能多一些心思，让自己生活得更美好、更有趣。

【静心禅语】

活得清简从容一些，

慢慢地体会生命中的美好。

何必事事都要争执计较，

人生的快乐，就在平心静气的时刻里。

学会对纷扰和喧嚣置若罔闻

黑塞说过："当一个人能够如此单纯，如此觉醒，如此专注于当下，毫无疑虑地走过这个世界，生命真是一件赏心乐事。"

女人，需要一点智慧让自己在尘世中活得心平气和，与其铆足力气和纷纷扰扰的人事物拼命对抗，倒不如学会对纷扰和喧嚣置若罔闻。《心经》中说的"色不异空，空不异色，色即是空，空即是色"，便是说空性是一切人事物本身，不论我们是否意识到了，它都存在，并不会因为我们用固有的观念欺骗自己而不存在。当我们说"某某对我的爱永远不变"，或者"我这么拼命地工作，努力地积累财富，我的生活就会一直保持在舒适层面"时，空性便早已存在了。今天的爱和明天的爱，在程度上或许没有什么差异，但十年前的爱和十年后的爱相比，其强弱程度肯定会有变化的。不单是感情，财富和地位以及物质层面的种种更是如此。不信且去看股市大盘，哪一只股票不都是分分钟在涨跌之间。我

们可感可触的现实生活层面就是这样。

那么再看看所谓的人世间的纷扰，哪一个不是生起又落下，犹如涨潮落潮一般？如果我们的心念随着外界的干扰而起伏不断，那么注定是很难有心平气和的时候。大家可以想想，我们的愤怒和仇恨，哪一次不是因为执着在外境上而产生的？如果我们有一颗智慧而觉醒的心，它提醒着我们"要专注在自己当下的生命体验中啊"，那么我们还会对那生起之后旋即平息的事物报以执着吗？有些时候我们嚷嚷着说"我就是静不下心来，我就是无法心平气和，因为某人或某事实在太讨厌了"。可这些让自己讨厌的人事物并不会因为我们的愤怒和嗔恨而消歇，反而还会愈加强烈地影响到我们。但如果，我们停下了心头对这些事物的念头，这些事物反而不会对我们起任何作用。

若想让山谷里没有回音，首先就要让山谷里的人停止大喊大叫。一切烦恼的源头既然都在这颗心上，那么又何必要把满腔怒火发泄到其他人身上呢？这个世界不会刻意地讨好谁，也不会特别地刁难谁，如果你一定要让这世界按照自己的心意来运行，这也太为难它了！

【静心禅语】

　　如果自心平定，

　　外境的风浪又岂能搅扰生命的安宁？

　　学会从嗔恨和愤怒中出离，

　　这个世界从不曾对谁充满恶意。

让世界因我们而美丽

作家林清玄在一篇文章中讲道，富人面对着花园里的梅花闷闷不乐，而在门外乞讨的流浪汉却因为嗅到了梅花的芬芳而不住赞叹。这个世界并不缺少幸福，也不缺少美丽，但难的是，我们往往身在其中，却因为心中挂碍甚多而不得发觉。

当然，更为郁闷的是，我们一直在找寻美好和幸福，却往往会忘记我们其实无须四处寻找，只要自己创造便好。

身边一位朋友，每天清晨必定早早起来，在洗漱妥当之后安安静静地坐一会儿，然后念诵一遍《心经》。很多人都知道她的这个习惯，但很多人都对她的这个习惯报以误解。有人说，她经历过爱情的打击，从此便心灰意懒。有人说，她自小不得父母宠爱，成年后又遭遇家庭变故，所以才冷心冷面。可是我印象里的这个朋友性情爽朗，非常和善，未说话前会先给人一个笑容，即便偶尔会有些小矛盾，也能很快就化解开。她说，她只是想把美好善意的种子播种在心里，然后静等着，看看自己的生活能开出怎样的花朵。她说，她希望每个女人都生得美丽，活得智慧，让世界因为自己的存在而美丽。

让这世界因为我们而美丽，这其实是一个很了不起的愿望。首先得自己内心充满了善意，充溢着正念，然后才能谈得上因自己的力量而让世界更美丽。就像那位朋友，每天静坐、诵经，充实地生活，友善地待人，她本身就带着一种能量，一种让人刚一接触就能满心欢喜的能量。能够成为这样的女子，那是一件很幸福的事儿，同时也是很智慧的活法。

也许你会心生疑问，像这个姑娘这样，每天静坐诵经，那岂不是远离现实生活的做法？但事实上，这个姑娘也在恋爱，也会因为洽谈合作而与他人周旋，在公司午餐之后也需要用咖啡提神来应对下午的工作。你看，她是活在尘世之外吗？她不过是带着慧心行走在尘世之内罢了。只不过，因了她的那些慧心，她不仅自己活得心平气和，还把喜悦传递给身边人，这样的姑娘，活得可真幸福！

【静心禅语】

将善意种植在心间，

总有一天能看到它绽放成最美的花朵。

唯心怀智慧的女人，

才能够带着欢喜，

心平气和地去生活。

第二十四课

过一种充满自省的生活

　　女人，应该过一种充满自省的生活。不要限制自己，也不要限制他人；不被外境所迷惑，不因贪执而生火气。若能时刻保持着平静的心那是最好，但如果能够自省自悟，自我解脱，那便更好。

告别那梦一般的颠倒生活

《维摩经》中说："诸法以无住为本。"这是对万事万物的一种最为根本的认识。"无住"便是说世间的种种人事物都处在迁流变化之中，我们不能用固有的眼光去看待事物，若不然，真会成为古代寓言故事《刻舟求剑》里所讥讽的那个愚人。

这种"无住"也说明，我们的心念和心态都不要固执，这样才能形成无障碍的智慧，告别那梦一般的颠倒生活。《维摩经》中所说的"无住"，与《心经》中所讲到的空性智慧是无有不同的。

一切万法、森罗万象，都是靠着"空性"才发挥作用的。什么是空性？空性就是一切万法皆无常，一切万有都处于无时无刻的变化之中。如果没有了变化，事物也就不会进化、发展了，就好比那一潭死水，因为没有了流动性，便成为了散发着腐臭味道的水坑。

"色即是空"中的"色"（物质存在），因为空性的作用才能够常变常新。因此，不要害怕生命中出现的变化，生命本就应该每日都以崭新的面貌和状态呈现出来，如此，才有可能真正地欣欣向荣。

但如果，我们妄想着让自己受用的一切都能够恒常不变化，那么我们便会陷入封闭而自大的境地。当我们渴望着自己的心灵能够永远停留在最舒适的区域里，便意味着放弃了生命的成长。更何况，变化才是不变的规律，任何人，都没有能力能够让万事万物不变化。既然有生就必然有灭，有聚就必定有散，那么又何必让自己的愚妄念头缠缚了自己的心呢？只有悟到了这个，才能真正从颠倒的妄念中解脱出来，告别那因为妄念横生而充满恐惧的生活。

【静心禅语】

缘何有畏惧，复又存烦恼，

皆因为被执迷的心念所缠缚。

五蕴是空，万事皆空。

正因为万事万物都处于变动中，

所以空性才是事物的本来面目。

329

生活中，随处皆是道场

经营咖啡馆的小雯最近很不愉快。每天都在朋友圈里抱怨，一会儿是"现在的客人素质太低，居然无视店内'请勿吸烟'的字样，而且还不去吸烟室，还把烟头乱丢"，一会儿又是"好烦啊，今天客流量这么多，大家把店内的杂志随手乱丢，收拾起来真费劲啊"。

这些事情看似不大，可作为咖啡馆经营者的小雯却经常因为这些小事情而大动肝火。她也知道这样不好，可是找不到什么太好的办法来对治。

和小雯同样经营自家店铺的陈琳也很郁闷。她非常用心地策划了一场派对活动，原本是想让喜欢读书的书友们认识更多志同道合的朋友，结果却因为小小的疏忽而被好友否定。"早知道吃力不讨好，我压根儿就不该什么都管！"陈琳在朋友圈里甩下这么一句话。

其实，生活中的每一件事都是平常事，都应该抱以平常心，不必因为有人挖苦自己、取笑自己、否定自己就愤怒嗔恨。假如内心始终平平和和，对好的坏的种种境遇都不生出强烈的贪执心念，那么自然能够坦然地面对生活。而这种境界便是禅意的境界，这样的人生便是智慧的人生。

但我们也该明白，任何一种心态，任何一种智慧，都不可能凭空得到。生活中，处处皆是道场，这便提醒着我们：女人啊，真正的大智慧，可都是在小生活里悟到的啊。

如果小雯和陈琳没有把目光只是停留在这些不如意的现象上，而是看到现象背后的本质，那么也许就不会如此抱怨了。现象的存在，是靠着各种内外条件和原因支撑起来的，岂能长久？佛家所谓"诸行无常"便是说，这世间的一切存在，都不是静止的，都不是常驻的，一切都在流转变化中，所以，我们也不应该把心执着在现象之中。

像小雯和陈琳，她们面对的还只是生活中的小麻烦，只要找对方法，还是能比较容易地解决的。其实，人生中的"大麻烦"，也应该如此去观照。真正"把生活当作修行"，不就是在各种麻烦和烦恼中去寻得觉悟吗？

【静心禅语】

每一个人，每一件事，

来到我们的生命里，

无非都是让我们从中有所觉悟。

所以你看，所有的人事物，

我们都应对它们报以感恩呢！

请记住，没有谁是我们的冤家

　　几个姐妹在一起聊天，一个说："我性格这么好，竟然也会被人欺负，真是人善被人欺。"

　　另一个说："可不是嘛！我是公认的老好人，可单位的同事总是把她分内的事情推给我来做！"

　　小 L 才说完被领导无辜一顿痛骂的事儿，小 W 就开始述说被同一个办公室里的姐妹排挤的遭遇。姐妹们七嘴八舌地聊起来，但所说的内容可以归结为一句话：我这么善良，为什么我的冤家还是这么多。

　　可是，如果你真的足够善良的话，就不会每天都为了这些"深仇大恨"而纠结、郁闷、愤怒了吧。

　　在这个世界上，从来就没有谁是我们的冤家。就像上面说的这些事情，真的就足以"升华"到仇恨的地步吗？这些烦恼，看似是由他人挑起争端而造成的，但我们却可以选择不动心。该沟通就沟通，该拒绝就拒绝，不带着愤怒的情绪，更不要在事情过去很久之后，还一再地提起，让自己再

次陷入恼恨的心境里。每一天的时光都这么有限，这么宝贵，我们却要浪费在无端的嗔恨中，这可真是太为难自己的了。

日本工艺大师赤木明登曾说："不勉强自己，不为难自己，慢慢地一心一意做好当下力所能及的事就好。"一个智慧的女人，她应该懂得不勉强自己——不为了人情而接受自己本不愿接受的；同时，她也懂得不为难自己——已经过去的不快，就不要一再地提起，让自己陷落到无穷尽的烦恼之中。每个人的生命，从来就是一种暂时呈现出的样貌和状态，它无法永恒保持着某种状态，因此说这个生命过程体现的是一种空性，既然这样，那么又何曾有过什么冤家？有过什么仇恨？生命的意义不是要我们记住那些痛苦和仇恨，而是要更加珍惜眼下的时光，一心一意地做好当下的事情。

没有什么比装满了嗔恨的心更为可怕；没有什么比到处结交"冤家""仇家"更为愚痴。

【静心禅语】

心灵的舞台，原本可以很大，

大到将一切烦恼都容纳下。

心灵的世界，也可以很小，

如果终日深陷在仇恨中，

生命必然僵死在自设的困境里。

不痴不贪，不恨不怨

《法华经》中有言："三界无安，犹如火宅。充满众苦，甚为畏惧。常有生老病死之忧患，是如业火，炙热不息。"

在这个世界上，可真是充满了各种各样的苦。但智慧的人既能看得到苦，也能觉悟到解脱痛苦的方法，而愚痴的人则满眼皆是痛苦。当然，最愚痴的人或许也能感受到痛苦，但却一直在试图逃避，并用种种感官享乐来麻痹自己，妄图以此来回避痛苦。

可是，追求享乐的最终结果，反而是在短暂的快乐之后因为自心对快乐的贪执而生出怨恨。这就像我们在恋爱之初，原本是因为喜欢一个人才开始了一段关系，如果在这份感情中两人再不能共同成长了，那么潇洒地道声"珍重，再见"，也没什么。但本来好好的佳偶最后反目成仇，使自己陷入到种种烦恼的境地。爱情走了，留也没用，倒不如整理一下心情，去阳光下散散步。《心经》告诉我们：不仅聚合成人身的五蕴都属空性，就连整个世界也是如此。至于情感、财富、名利地位的变化更是在瞬息之中。

不为了那变化多端的事物而烦恼，因为在看似稳定不变的现象背后是"无常"这一规律在起着作用。努力地经营好生活和感情，是因为我们懂得，每一段关系都是自我成长的需要。更何况这个世界本就是用来欣赏、感受的，而非憎恶；这个人生，原本就应该是用来修行的，而不是用来仇恨的。

如果不能明白空性的道理，我们的内心就会缺少宽容。我们会因为他人的一句无心之语而火冒三丈，会因为他人的一些伤害而耿耿于怀。我们口口声声地说："我生气，我愤怒，那是出于对自己的爱。"可是，女人啊，真正爱自己的话，又何必让仇恨和愤怒充斥了内心呢？由着愤怒的毒汁渗透了身心，破坏了生命的平和安宁，这绝对不是"爱自己"的女人会做出来的事。

如果你真的爱自己的话，就应该远离贪执，远离怨恨，远离愤怒。你看那观自在菩萨，总是一脸平和安宁的微笑。如果真的遇到了恼火的事儿，就想想观自在菩萨的微笑，试着让自己的嘴角微微上扬。从愤怒中走出来，有时候是可以用些"小聪明"的。

【静心禅语】

没有哪种恨是过不去的，

没有什么仇是放不下的。

女人的内心如装满了善意，

那便能时刻让生命散发出芳香。

把内心的垃圾变为花朵

励志学大师斯宾塞说："改变心态只需一分钟，而这一分钟却能改变一整天。"其实，每个女人的内心都是一座秘密花园，而我们欠缺的能力便是把内心的垃圾清除干净，给美丽芬芳的花朵腾出地方。

我们内心的痛苦，来自无明，来自迷惑。不妨好好地回想一下，有多少次我们整个身心都沦陷在愤怒之中是因为缺少智慧，缺少正确的知见和心念。觉性是要不断被培养的，而日常生活便是培养觉性的最好道场。正如《心经》传递给女人的智慧，我们应当活在一种"观照当下"的状态之中。观照什么呢？观照这个世界，观照我们身边的一事一物，观照心头生起又落下的每一个心念，观照它们的本性便是空性。既然每一个事物都在不断变化之中，又何必自找烦恼呢？

在我家不远处有个小甜品屋，偶尔出去散步时，我必定会去这里买一份甜品。倒不是这里的东西有多美味，而是经营这甜品屋的小陆姑娘实在叫人喜欢。她每天总是笑眯眯的，说话也是一团和气。有一天我散步去甜品屋，远远地就看到小陆姑娘在自家店面前坐着晒太阳。那幅画面，看了都叫人觉得暖心又舒坦。

和小陆姑娘闲聊时，她就说："平时也会遇到胡搅蛮缠之人，要想天天都心平气和地生活，倒也真不是嘴上说的那么简单。"可她又说："每当遇到一些不讲理的人，碰到一些不合理的事儿，确实也很窝火。但每到这时候，我就想着不论多么不痛快的事情都能过去的，既然都能过去，那我安心去安排好眼下的事情就好了。"

小陆是个有智慧的姑娘，她的智慧是用很质朴的生活态度体现出来的。现在我们已经知道，一切人事物都处于永无休止的变化之中，不论是"好的"还是"坏的"，都不会是一成不变的。而且从《心经》的角度来看，这世事都体现出空性，这世事无非就是一种暂时的现象，那么还有什么必要因为一时的不如意就恼火愤怒呢？

你看，做个心平气和的女人，要说容易，也蛮容易的。

【静心禅语】

平静从容的心境，

皆因洞见了空性的智慧。

心平气和的女人，

必然是在生活里不断地修行。